Fundamentos iniciais de mineralogia

Antônio Augusto dos Santos Marangon

Rua Clara Vendramin, 58 | Mossunguê
CEP 81200-170 | Curitiba-PR | Brasil
Fone: (41) 2106-4170
www.intersaberes.com
editora@intersaberes.com

Dados Internacionais de Catalogação na Publicação (CIP)
(Câmara Brasileira do Livro, SP, Brasil)

Marangon, Antônio Augusto dos Santos
   Fundamentos iniciais de mineralogia/Antônio Augusto dos Santos Marangon. Curitiba: InterSaberes, 2021. (Série Panorama da Química)

   Bibliografia.
   ISBN 978-65-89818-86-1

   1. Cristais 2. Mineralogia 3. Mineralogia do solo 4. Rochas I. Título. II. Série.

21-65679   CDD-549

Índices para catálogo sistemático:
1. Mineralogia   549

Cibele Maria Dias – Bibliotecária – CRB-8/9427

1ª edição, 2021.
Foi feito o depósito legal.
Informamos que é de inteira responsabilidade do autor a emissão de conceitos.

Nenhuma parte desta publicação poderá ser reproduzida por qualquer meio ou forma sem a prévia autorização da Editora InterSaberes.

A violação dos direitos autorais é crime estabelecido na Lei n. 9.610/1998 e punido pelo art. 184 do Código Penal.

Conselho editorial
☐ Dr. Ivo Jose Both (presidente)
☐ Dr. Alexandre Coutinho Pagliarini
☐ Drª Elena Godoy
☐ Dr. Neri dos Santos
☐ Dr. Ulf Gregor Baranow

Editora-chefe
☐ Lindsay Azambuja

Gerente editorial
☐ Ariadne Nunes Wenger

Assistente editorial
☐ Daniela Viroli Pereira Pinto

Preparação de originais
☐ Luiz Gustavo Micheletti Bazana

Edição de texto
☐ Floresval Nunes Moreira Junior
☐ Palavra do Editor

Capa e projeto gráfico
☐ Luana Machado Amaro (*design*)
☐ Damian Pawlos/Shutterstock (imagem)

Diagramação
☐ Bruno Palma e Silva

Equipe de *design*
☐ Débora Gipiela
☐ Luana Machado Amaro

Iconografia
☐ Naiger Brasil Imagem
☐ Regina Claudia Cruz Prestes

Sumário

A pedra fundamental □ 7

Como aproveitar ao máximo este livro □ 9

Capítulo 1
Natureza das rochas □ 12

1.1 Rochas: conceito e classificação □ 13

1.2 Rochas ígneas ou magmáticas □ 16

1.3 Rochas sedimentares □ 26

1.4 Rochas metamórficas □ 31

Capítulo 2
Propriedades dos minerais □ 40

2.1 Propriedades morfológicas □ 41

2.2 Propriedades físicas □ 44

2.3 Propriedades elétricas □ 51

2.4 Propriedades radioativas □ 51

2.5 Composição dos minerais □ 52

2.6 Silicatos □ 53

2.7 Cristalografia dos minerais □ 57

Capítulo 3
Rochas e minerais: origem, estrutura
e classificação □ 68

3.1 Origem dos minerais □ 69

3.2 Classificação dos minerais □ 70

3.3 Classificação das rochas ígneas □ 72

3.4 Propriedades das rochas □ 78

3.5 Crescimento de cristais e minerais □ 82

3.6 Eixos cristalográficos e sistemas cristalinos □ 87

Capítulo 4

Recursos minerais para produção de energia □ 97

4.1 Recursos energéticos e economia □ 98

4.2 Petróleo □ 101

4.3 Gás natural □ 106

4.4 Carvão mineral □ 109

4.5 Minerais radioativos □ 112

4.6 Energia geotérmica □ 115

4.7 Comparação da produção de energia proveniente de diferentes fontes □ 117

Capítulo 5

Mineração e meio ambiente □ 129

5.1 Processos de mineração □ 130

5.2 Impactos ambientais □ 136

5.3 Desenvolvimento sustentável e efeitos da mineração □ 142

5.4 Mineração no Brasil □ 144

Capítulo 6

Aplicações dos minérios e sua importância econômica □ 157

6.1 Processo de beneficiamento dos minerais □ 158

6.2 Aplicações dos minerais □ 168

6.3 Importância econômica dos minerais □ 175

Considerações finais □ 188

Referências □ 189

Bibliografia comentada □ 192

Respostas □ 193

Sobre o autor □ 202

Dedicatória

Dedico esta obra à minha melhor amiga, minha esposa Fabiula Sandri Marangon, pois desde que estamos juntos sempre me apoiou e forneceu possibilidades para que eu pudesse alavancar meus projetos. Dedico também à minha filha, Ana Luísa Sandri Marangon, sempre alegre e participativa em tudo o que faço. Finalmente, dedico a cada estudante que, neste livro, encontrará mais informações sobre mineralogia e geoquímica.

Agradecimentos

A Deus, pelo dom da vida.

Aos meus pais, por todos os esforços para que eu pudesse estudar desde a educação básica e prosseguir no mestrado e na pós-graduação.

Aos meus professores, em especial meu orientador de mestrado na Universidade Federal do Paraná (UFPR), Fernando Wypych, e meu principal professor de Química no Ensino Médio, o senhor Olindo Baggio.

Aos colegas de trabalho que sempre alavancaram oportunidades em minha vida, como os professores Eduardo Moraes Araújo, Paulo Christoff, Roberto Berro, Dirce Kossar e Suzete Beal.

Ao meu irmão, Fernando Marangon, tão importante para mim.

À minha esposa, Fabiula Sandri Marangon, e à minha filha, Ana Luísa Sandri Marangon, que tanto representam para mim.

A pedra fundamental

A proposta deste livro é apresentar conceitos fundamentais relacionados à mineralogia e à geoquímica, abrangendo questões técnicas e morfológicas e aspectos econômicos. A mineralogia é uma área muito vasta e os estudos desenvolvidos nesse âmbito são amplos, a ponto de alguns tópicos desse campo do conhecimento requererem a escrita de livros que lhes sejam inteiramente dedicados.

No Capítulo 1, vamos fazer uma revisão sobre os tipos de rochas e examinar suas principais características, categorias e constituintes. É um capítulo muito relevante por tratar da essência da classificação das rochas.

No Capítulo 2, vamos discutir as propriedades dos minerais, suas características, sua composição e ocorrência na natureza. Abordaremos a mineralogia de silicatos e não silicatos e as análises cristalográficas. Daremos ênfase à importância dos silicatos no mundo da mineralogia, considerando o fato de que uma das classificações dos minerais se relaciona à presença de substâncias que contenham essa composição química em sua estrutura.

No Capítulo 3, o foco será a característica mineralógica das rochas, bem como a origem dos minerais e os novos modelos de classificação. Também examinaremos a diferença entre mineral e cristal.

No Capítulo 4, vamos estabelecer uma relação com a questão econômica e discutir a relevância que os minerais e as rochas assumem na economia do Brasil e do mundo. Apresentaremos o panorama dos recursos minerais do Brasil e a utilidade dos minerais para a produção de energia.

No Capítulo 5, vamos tratar dos processos de mineração e analisar alguns conceitos fundamentais relativos ao beneficiamento dos minerais encontrados na natureza, além de estabelecer um paralelo entre os processos de exploração e os impactos ambientais.

No Capítulo 6, nossa atenção se voltará a alguns aspectos econômicos relacionados aos minerais. Destacaremos as relações de importação e exportação e as aplicações industriais, esmiuçando um pouco mais os processos de beneficiamento.

Como você pôde perceber pela distribuição dos conteúdos tratados nesta obra, nosso objetivo é não só apresentar conceitos fundamentais de mineralogia e geoquímica, mas também estabelecer a relação entre esse assunto e a questão econômica, sem deixar de levar em conta a importante questão ambiental, que está fortemente vinculada à atividade de exploração da mineração.

Bons estudos!

Como aproveitar ao máximo este livro

Empregamos nesta obra recursos que visam enriquecer seu aprendizado, facilitar a compreensão dos conteúdos e tornar a leitura mais dinâmica. Conheça a seguir cada uma dessas ferramentas e saiba como estão distribuídas no decorrer deste livro para bem aproveitá-las.

Explorando o solo

Logo na abertura do capítulo, informamos os temas de estudo e os objetivos de aprendizagem que serão nele abrangidos, fazendo considerações preliminares sobre as temáticas em foco.

Sedimentação dos conteúdos

Ao final de cada capítulo, relacionamos as principais informações nele abordadas a fim de que você avalie as conclusões a que chegou, confirmando-as ou redefinindo-as.

Cristalizando os conhecimentos

Apresentamos estas questões objetivas para que você verifique o grau de assimilação dos conceitos examinados, motivando-se a progredir em seus estudos.

Consolidando a análise

Aqui apresentamos questões que aproximam conhecimentos teóricos e práticos a fim de que você analise criticamente determinado assunto.

Bibliografia comentada

Nesta seção, comentamos algumas obras de referência para o estudo dos temas examinados ao longo do livro.

Capítulo 1

Natureza das rochas

O planeta Terra é rico em recursos minerais e orgânicos e é por isso que os seres humanos e tantos outros seres vivos puderam se desenvolver. Entre esses recursos estão os minerais e as rochas, com os quais podemos obter substâncias extremamente importantes para nosso cotidiano, desde alimentos até produtos voltados ao bem-estar.

Ao olhar para um talher de prata, para uma folha de papel-alumínio ou para um pedaço de folha de sulfite, lembre-se de que a matéria-prima para a produção desses objetos um dia esteve na natureza, fazendo parte da composição de minerais e rochas ou de uma árvore, e que só podem estar em suas mãos depois de passarem por inúmeros processos de exploração e beneficiamento que propiciaram essa transformação.

Neste capítulo, vamos tratar dos conceitos envolvidos na origem das rochas e dos principais minerais que as constituem. Buscaremos examinar a genealogia das rochas como nós as conhecemos e compreender as características que permitem a diferenciação entre os tipos de rocha.

1.1 Rochas: conceito e classificação

Não podemos começar a falar das rochas sem antes tratar dos minerais, afinal, por definição, uma rocha é um aglomerado de minerais que, por diferentes motivos geológicos, físicos e químicos, estão unidos em um mesmo sistema e interagem ou não entre si. Um mineral pode ser um elemento ou substância química que está cristalizado, natural e com composição bem definida, de tal forma que seja considerado exclusivo dentro do reino mineral. Dos minerais podemos extrair os minérios, os quais apresentam valor econômico.

Figura 1.1 – Constituição das rochas

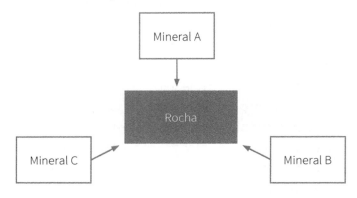

Figura 1.2 – Fragmento de rocha de granito

OlegSam/Shutterstock

Figura 1.3 – Granito trabalhado como decoração

O granito é um ótimo exemplo para entendermos a definição de rochas e minerais, pois se trata de uma rocha constituída principalmente por três minerais. De maneira geral, a parte branca do granito é o quartzo, a parte mais acinzentada é o feldspato e a parte preta, um tipo de mica. Quartzo, feldspato e mica são minerais e eles juntos formam a rocha de granito (Figura 1.4).

Figura 1.4 – Minerais que compõem o granito

Da mesma forma que nos baseamos no conceito de *minerais* para definir *rocha* como uma união bem estabelecida de determinados minerais, o estudo sobre a origem das rochas também está relacionado à origem dos minerais. Um mineral e, consequentemente, uma rocha têm suas origens relacionadas aos ingredientes químicos disponíveis, assim como às condições físicas existentes, por isso há, por exemplo, duas substâncias formadas apenas por átomos de carbono, o grafite e o diamante, mas que apresentam propriedades totalmente diferentes em virtude da forma como os átomos de carbono estão ligados. Essa forma diferente de ligação é uma consequência direta do tipo de condição física disponível para cada uma das formações.

Diferentemente dos sedimentos, como a areia, que têm suas unidades minerais desconectadas, nas rochas, os minerais são coesos e consolidados. Na formação das rochas, observa-se uma divisão importante dos minerais. Os minerais essenciais são aqueles sempre presentes, enquanto os minerais acessórios são aqueles presentes apenas em determinado tipo de rocha. As rochas podem ser classificadas em três grupos, dos quais trataremos na sequência: ígneas ou magmáticas, sedimentares e metamórficas.

1.2 Rochas ígneas ou magmáticas

O grupo das rochas ígneas ou magmáticas compreende um tipo de rocha cuja gênese está intimamente ligada à atividade vulcânica e que é formado pelo *magma*, palavra de origem grega que significa "massa". O magma é, portanto, uma massa cheia de minerais metálicos que está fundida e pronta para se solidificar, formando uma rocha. Essa definição sugere exatamente o material rochoso fundido que apresenta mobilidade e que, quando se consolidar, extravasando ou não para a superfície, constituirá as rochas ígneas. Assim, as **rochas magmáticas extrusivas** ou **vulcânicas** são aquelas originadas do magma que consegue atingir a superfície, e as **rochas magmáticas intrusivas** ou **plutônicas** são aquelas em que o magma é fundido ainda no interior do globo terrestre.

Uma característica marcante que difere os dois tipos de rochas magmáticas é a textura, pois as rochas intrusivas passam por um resfriamento mais lento, o que possibilita uma formação mais adequada dos minerais e os torna mais visíveis, como ocorre com o granito. As rochas magmáticas extrusivas têm granulação mais fina em virtude do resfriamento mais rápido.

Figura 1.5 – Modelo de formação das rochas magmáticas intrusivas (plutônicas) e extrusivas (vulcânicas)

Fonte: Polon, 2021.

Figura 1.6 – Granito: o tipo de rocha magmática intrusiva mais comum

Figura 1.7 – Basalto: rocha magmática extrusiva

Na formação de uma rocha, o magma passa por falhas, fraturas e seixos que permitem que ele atinja a superfície; porém, nem sempre isso é possível e, por isso, existem bolsões de magma (diápiros) que se deslocam em meio às rochas e podem, eventualmente, quebrá-las, levando parte delas consigo e mudando a própria constituição do magma original. O caso mais comum de aparecimento de magma, entretanto, está associado aos vulcões. Isso ocorre quando um grande volume de magma estaciona a determinada profundidade, fornecendo material para as diferentes formas de manifestações vulcânicas (Figuras 1.8 e 1.9).

Figura 1.8 – Atividade vulcânica com liberação de lava em Antigua, na Guatemala

Na Figura 1.9, vemos os dois processos de formação de rochas magmáticas: o vulcanismo, no caso da formação das rochas extrusivas, e o plutonismo, no caso da formação das rochas intrusivas.

Figura 1.9 – Diferenciação dos tipos de formação de rochas magmáticas

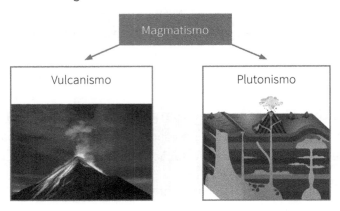

Da mesma forma que as rochas magmáticas podem ser classificadas de acordo com fato de o magma ter ou não atingido a superfície terrestre, o tipo de magma também influi na classificação da rocha, como ilustra a Figura 1.10.

Figura 1.10 – Tipos de magma

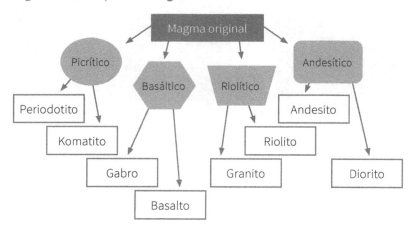

As principais diferenças entre os tipos de magma estão relacionadas ao teor de sílica e à temperatura. Perceba que, quanto maior for o teor de sílica, menor será a temperatura do magma, mas maior será considerada sua acidez.

Tabela 1.1 – Principais diferenças entre os tipos de magmas

Tipo de magma	Porcentagem de sílica na composição	Temperatura
Picrítico	45%	1 500 °C
Basáltico	Entre 45 e 50%	1 300 °C
Andesítico	60%	1 000 °C
Riolítico	70%	900 °C

Teor de sílica	Temperatura do magma	Acidez
↑	↓	↑

O processo de cristalização fracionada que ocorre entre os minerais formadores de uma rocha, bem como as variações de densidade, temperatura e pressão alteram a composição do magma e, consequentemente, das rochas que este formará. São todas essas combinações de diferentes fenômenos físico-químicos que fazem com que uma rocha e um mineral sejam de fato como se apresentam em nosso planeta. Em termos estatísticos, trata-se de algo incrível, pois, se qualquer uma dessas condições fosse minimamente diferente, haveria um modelo de rocha e de mineral totalmente diferente.

Embora as rochas magmáticas existam em uma grande variedade, não há uma significativa variação dos principais minerais que as compõem, afinal, todas elas têm uma origem muito similar. A Tabela 1.2 indica os principais tipos de minerais que formam as rochas magmáticas, bem como as proporções mais comuns em que se encontram.

Tabela 1.2 – Porcentagem comum dos minerais nas rochas vulcânicas

Mineral	%
Feldspato	59,5
Quartzo	12,0
Piroxênios e anfibólios	16,8
Mica	3,8
Minerais acessórios	7,0

Fonte: Polon, 2021.

São exemplos de rochas magmáticas: granito, basalto, diorito e andesito. São várias as possibilidades de subdescrições para as rochas ígneas ou magmáticas, considerando-se diferentes parâmetros, conforme apresentamos a seguir (Corrêa, 2020, grifo nosso):

□ **Tamanho do grão: a granulometria representa a medida quantitativa do tamanho dos minerais constituintes de rochas ígneas, esses podem ser classificados em**
   □ Grossa: Granulometria de 1 a 10 mm. Muitas rochas de natureza plutônica possuem granulometria em torno

de 6 mm, se encaixando nesta categoria. As rochas ígneas com granulometria maior do que 10 mm são raras.

- Média: Granulometria de 0,2 a 1 mm. Esta categoria granulométrica quantitativamente não é bem definida, sendo variável de acordo com cada autor. Na prática, muitas rochas descritas como de granulometria média são compostas de minerais de tamanho visível a olho nu ou a lupa, porém, são pouco difíceis de serem identificados.
- Fina: Granulometria menor do que 0,2 mm. Normalmente, as rochas compostas de minerais com tamanho dos grãos invisíveis a olho nu ou a lupa são descritas como de granulometria fina.
- Fanerocristalina: A rocha é constituída por minerais de tamanho distinguível, ou seja, identificável a olho nu ou em lupa. Todas as rochas de granulometria grossa e uma parte das rochas de granulometria média se encaixam nesta categoria.
- Afanítica: A rocha é composta de minerais de granulometria fina, sendo indistinguíveis a olho nu ou em lupa. Em muitas publicações, a expressão textura afanítica é utilizada para expressar textura da massa fundamental de rochas porfiríticas.
- Microcristalina: A rocha é constituída por minerais de tamanho distinguível, ou seja, são identificáveis à lâmina delgada. Quando o tamanho dos minerais constituintes da rocha é maior do que a espessura da lâmina (25 a 30 µm), cada mineral é identificável.

- Criptocristalina: A rocha é composta de minerais de granulometria muito pequena, sendo menor do que a espessura da lâmina delgada e, portanto, não se pode identificar ao microscópio petrográfico.
- **Homogeneidade granulométrica: rochas ígneas constituídas por minerais de tamanho aproximadamente igual**
  - Equigranular: A rocha é constituída por minerais com tamanho relativo aproximadamente igual, ou seja, a granulometria é homogênea.
  - Inequigranular: Possui duas granulometrias distintas.
  - Porfirítica: A rocha é constituída por minerais com duas granulometrias distintas, minerais grandes e pequenos. Os minerais grandes, normalmente menos frequentes, são denominados fenocristais, e os pequenos, que constituem a maioria, são chamados de massa fundamental.
- **Índice de cor: corresponde à soma dos minerais máficos e minerais acessórios, não incluindo muscovita, apatita e carbonatos primários, isto é, a soma pura dos minerais máficos e os opacos**
  - Leucocrática: 5-35%
  - Mesocrática: 35-65%
  - Melanocrática: 65-90%
  - Ultramelanocrática: > 90%
- **Cristalinidade**
  - Holocristalina: A rocha é composta inteiramente de cristais. A maioria das rochas ígneas se encaixa nessa categoria. Todas as rochas plutônicas são holocristalinas.

- Hipocristalina: É chamada também de hialocristalina. A rocha é constituída por uma mistura de cristais e vidro. As rochas hipocristalinas são formadas através de resfriamento rápido do magma. Determinadas rochas constituintes de lavas são hipocristalinas. Os prefixos hipo e hialo significam, respectivamente, pouco e vítreo.
- Vítrea: É chamada também de holohialina. A rocha é composta quase inteiramente de vidro, o que significa resfriamento magmático extremamente rápido. Algumas rochas vulcânicas constituintes de lavas, tais como a obsidiana, são vítreas.
- **Saturação em sílica: É a classificação da rocha quanto à saturação em sílica, identificada através da presença de minerais silicáticos saturados (minerais não deficientes em sílica), insaturados (deficientes em sílica), e sílica livre (através da presença de quartzo)**
  - Supersaturada: presença de quartzo
  - Saturada: presença de piroxênios e feldspatos
  - Insaturada: feldspatoides
- **Teor de sílica: podem ser classificadas, quanto à porcentagem de SiO_2 presente na rocha em**
  - Ácida: > 65% SiO_2
  - Intermediária: 52 a 65% SiO_2
  - Básica: 45 a 52% SiO_2
  - Ultrabásica: < 45% SiO_2

Na próxima seção, vamos dar prosseguimento ao estudo das rochas e analisar a estrutura das rochas sedimentares.

1.3 Rochas sedimentares

Para compreender a formação das rochas sedimentares, é necessário entender o conceito de **diagênese**, processo que permite que o fim de um depósito sedimentar não ocorra simplesmente com a acomodação de determinado meio material. Essa deposição dos minerais vai passar por transformações relacionadas à adaptação às novas condições físico-químicas a que esse minerais são submetidos, como compactação, dissolução, cimentação e recristalização. Os fragmentos minerais são transportados por gelo, vento, água e movimento de massas geológicas ou glaciares, sendo estes denominados *agentes de denudação*.

Uma rocha sedimentar é uma rocha de transformação, isto é, uma rocha que em algum momento participou da formação de outra rocha ou sistema geológico, mas que, por algum motivo, teve seus minerais transportados e acomodados em um novo ambiente para formar uma nova rocha. Além disso, as rochas sedimentares contêm minerais orgânicos, sendo uma grande fonte de estudo para a identificação de fósseis.

Figura 1.11 – Rochas sedimentares

Leene/Shutterstock

As rochas sedimentares são classificadas de acordo com suas particularidades físicas, químicas e biológicas.

As **rochas sedimentares clásticas** estão relacionadas ao movimento mecânico dos minerais, sendo formadas por minerais que em algum momento participaram da constituição de outras rochas. Dessa forma, os minerais mais comuns nas rochas magmáticas (quartzo, feldspato e mica) também são os mais comuns nesse tipo de rocha sedimentar. Um importante aspecto relacionado às rochas sedimentares clásticas é a granulometria do mineral. Assim, a argila pertence ao grupo com partículas mais finas; os arenitos, ao grupo com partículas de tamanho intermediário; e os conglomerados são formados por partículas maiores.

Corais e moluscos podem fazer parte de um segundo tipo de rocha sedimentar, as **rochas sedimentares biogênicas**. Para essa classificação, consideramos que parte importante da rocha é derivada de algum organismo vivo que produz camadas calcíticas, as quais posteriormente evoluem para calcário. Geralmente, o calcário (Figura 1.12) é derivado do acúmulo de organismos inferiores, como as cianobactérias, ou da precipitação de carbonato de cálcio ($CaCO_3$) na forma de bicarbonato (HCO_3^-), principalmente em meio marinho. Também pode ser encontrado em rios, lagos e em cavernas no subsolo.

Figura 1.12 – Exploração de calcário

Parmna/Shutterstock

Há ainda as **rochas sedimentares quimogênicas**, cujo processo de formação está associado à evaporação dos solventes das soluções que permitem a aglomeração dos minerais. São exemplos de rochas sedimentares: areia, argila, sal-gema e calcário.

As rochas sedimentares são provenientes de outras rochas, especialmente as ígneas, e são formadas pela vinculação de detritos, que são os sedimentos originários da fragmentação de outras rochas mais antigas. Essa transformação e o processo de quebra ocorrem pela ação de agentes externos (exógenos) de transformação do relevo, caracterizando-se o que é denominado *intemperismo*. O processo de formação e transformação da rocha sedimentar possibilita subclassificações que especificam esse tipo de rocha. A formação dessas rochas ocorre, como o próprio nome sugere, pela junção de inúmeros sedimentos, e a união de pequenas partículas ocorre por meio das seguintes etapas:

a. **Sedimentogênese** – Essa etapa ocorre em consequência dos seguidos processos de meteorização, erosão, transporte e sedimentação.

b. **Diagênese** – Essa é a segunda etapa e ocorre posteriormente à sedimentogênese, englobando uma série de processos físico-químicos que dão coesão aos sedimentos e formam as rochas sedimentares propriamente ditas. Manifesta-se por meio dos processos de compactação e cimentação. A compactação ocorre quando as várias camadas de sedimentos são depositadas umas sobre as outras. Dessa forma, o peso e a pressão exercidos sobre as camadas mais inferiores agem no sentido de compactar as partículas de rochas então dispersas. A cimentação ocorre posteriormente à compactação, quando as camadas se desidratam e se unem, formando as rochas.

Figura 1.13 – Formação de rochas sedimentares

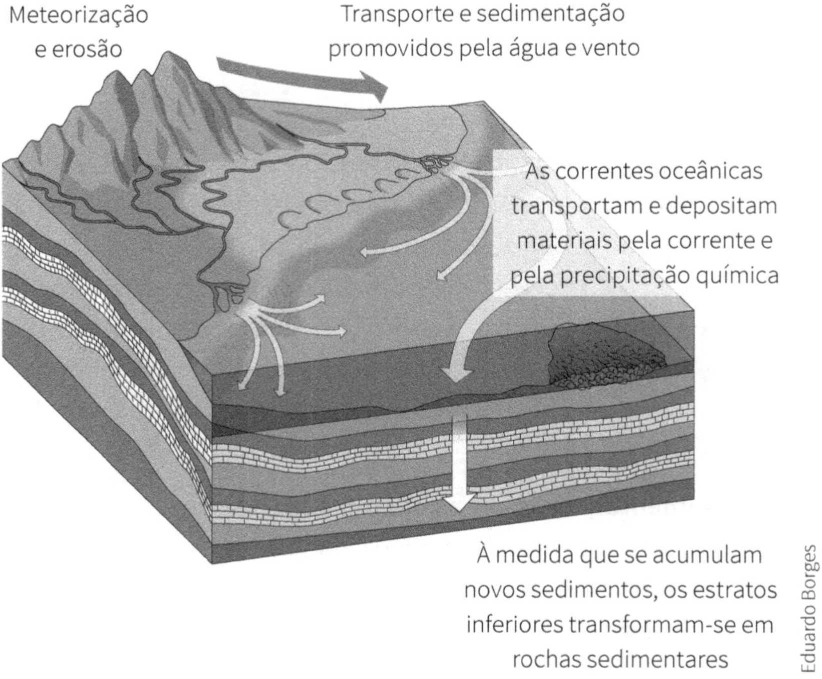

Meteorização e erosão

Transporte e sedimentação promovidos pela água e vento

As correntes oceânicas transportam e depositam materiais pela corrente e pela precipitação química

À medida que se acumulam novos sedimentos, os estratos inferiores transformam-se em rochas sedimentares

Eduardo Borges

Fonte: Formação..., 2010.

Essas rochas podem ser formadas por:

☐ **Minerais primários** – São minerais que provêm diretamente de rochas preexistentes.

☐ **Minerais de neoformação** – Trata-se de minerais novos formados por meio de transformações químicas ou da precipitação de soluções.

☐ **Partes de seres vivos** – São exemplos conchas e fragmentos de corais.

As rochas sedimentares fornecem informações relevantes sobre a história da Terra em razão das transformações pelas quais passaram, como no caso de haver a presença de fósseis e restos preservados de antigas plantas e animais. A avaliação da composição dos sedimentos propicia informações a respeito da rocha original, aquela que deu origem à rocha sedimentar. As variações entre as sucessivas camadas indicam mudanças de ambiente que ocorreram ao longo do tempo. É dessa forma que se consegue obter informações sobre as eras geológicas do planeta Terra, por exemplo, ao se identificarem camadas de gelo em determinadas rochas sedimentares. As rochas sedimentares podem conter fósseis porque, ao contrário da maioria das rochas ígneas e metamórficas, formam-se em condições de temperatura e pressão que não destroem os restos fósseis.

1.4 Rochas metamórficas

As rochas metamórficas carregam em sua nomenclatura a ideia de *mudança*, de *processo*, afinal, *metamorfose* significa "transformação". Se o conceito de diagênese é importante para o entendimento das rochas sedimentares, o conceito a ser compreendido no estudo das rochas metamórficas é o de **protólito**, isto é, o processo por meio do qual uma rocha se transforma em outra depois de passar por diversos processos geológicos.

As rochas metamórficas podem ser **foliadas** ou **não foliadas**. O nome alude à formação de folhas ou lâminas, sendo o processo de foliação muito associado à pressão exercida na rocha.

As rochas foliadas dividem-se em três tipos: com clivagem, xistosas e gnáissicas. O grau de metamorfismo delas é crescente, ou seja, as com clivagem sofreram menos transformação e as com bandado gnáissico apresentam maior grau de metamorfose. As rochas não foliadas não apresentam padrões planares ou deformações visíveis, podendo ter um aspecto cristalino, como acontece com os quartzitos e os mármores.

É importante considerar, no estudo das rochas metamórficas, o processo de reestruturação denominado *recristalização*. Esse processo sugere que os minerais frequentemente adquirem um tamanho maior, o que confere à rocha um aspecto mais cristalino. Os pequenos cristais de calcite do calcário e greda, por exemplo, que são rochas sedimentares, modificam-se e dão origem aos cristais do mármore (Figura 1.14), de maiores dimensões. São exemplos de rochas metamórficas: gnaisse (formada do granito), ardósia (originada da argila) e mármore (formação calcária).

Figura 1.14 – Mármore: rocha metamórfica derivada do calcário

Soukaina EL Atrass / Shutterstock

Como vimos, a principal classificação relacionada às rochas metamórficas utiliza como critério os aspectos texturais dessas rochas, caracterizando-as como foliadas e não foliadas.

As rochas subclassificadas como foliadas são divididas de acordo com três tipos de textura, correspondentes a diferentes graus de metamorfismo: rochas com clivagem ardosífera (como a ardósia, correspondente a um baixo grau de metamorfismo); rochas que apresentam xistosidade (como o xisto, correspondente a um grau médio de metamorfismo); e rochas com bandado gnáissico (como o gnaisse, correspondente a um grau elevado de metamorfismo). Destaca-se o fato de que essas rochas se formam, de modo geral, a partir de rochas constituídas por vários minerais e que foram submetidas a condições de tensão dirigida e a temperaturas crescentes.

As rochas xistosas se caracterizam de forma peculiar entre as rochas metamórficas, pois geralmente apresentam foliação fina e, em geral, com lâminas de constituição mineralógica semelhante.

Com relação à classificação dos minerais, a principal divisão proposta para sua análise consiste em avaliá-los como minerais metálicos ou não metálicos, o que veremos com mais propriedade posteriormente.

Sedimentação dos conteúdos

Neste capítulo, tratamos dos conceitos de mineral e rocha e apresentamos a origem das rochas, sua classificação e suas características.

Cristalizando os conhecimentos

1. (Unesp – 2020) Analise os diagramas.

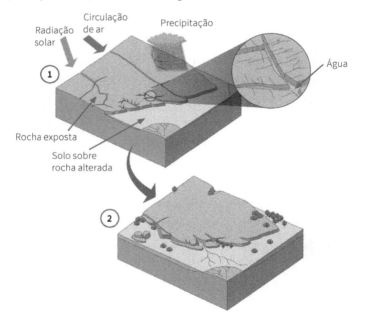

(Dirce Maria A. Suertegaray (org.). *Terra: feições ilustradas*, 2008. Adaptado.)

Esses diagramas demonstram o processo de:

a) desintegração mecânica acompanhada pela decomposição química das rochas na exposição aos agentes atmosféricos.
b) formação de novos aquíferos pela concentração de fluxos de água em terrenos arenosos.

c) metamorfismo sofrido por rochas magmáticas quando sujeitas ao calor e à pressão.

d) diastrofismo da crosta terrestre pelo falhamento da superfície ao longo das eras geológicas.

e) afloramento de rochas ricas em matéria orgânica na formação de novos escudos cristalinos.

2. Neste capítulo, estudamos os tipos de rochas e suas subclassificações. Muitas das classificações descritas relacionam-se à geomorfologia, que estuda o relevo do planeta e suas transformações por meio da ação dos agentes internos e externos. Indique a afirmação correta em relação a esse tema:

a) Os agentes internos do relevo promovem destruições sobre a crosta terrestre, provocando o rebaixamento de suas formas e seu aplainamento.

b) Os agentes externos do relevo, por meio da erosão, promovem o aparecimento das grandes formas, como a Cordilheira dos Andes.

c) Os agentes internos do relevo são o tectonismo, o vulcanismo e os abalos sísmicos, enquanto os agentes externos são, por exemplo, a chuva, o vento e as águas correntes.

d) Os agentes internos e externos do relevo atuam da mesma forma em todos os locais da crosta terrestre.

e) A geomorfologia permite apresentar dados exatos, sendo possível apontar o dia e a hora da ocorrência de um terremoto.

3. (Etec – 2019) As rochas são agregados naturais de um ou mais minerais. Existem diferentes tipos de rochas, cada um deles formado por processos distintos.

Sobre os tipos de rochas, podemos afirmar corretamente que aquelas formadas pela transformação de outras rochas existentes no interior da Terra, submetidas a enormes pressões e altas temperaturas, são conhecidas como:

a) ígneas.
b) plutônicas.
c) magmáticas.
d) sedimentares.
e) metamórficas.

4. (UFJF – 2019) Observe a figura:

(Disponível em: <http://www.britannica.com/science>. Acesso em: 2 ago. 2018.)

Todas as figuras estão associadas ao processo de:

a) erosão.
b) lixiviação.
c) assoreamento.
d) voçorocamento.
e) laterização.

5. (UFRGS – 2019) Assinale a afirmação correta sobre o relevo da superfície terrestre e sua constante transformação.

a) O relevo terrestre é o resultado da ação de tectonismo, chuva, vento, cursos-d'água, mares e geleira, sem envolver a ação antrópica.
b) A ação do agente de erosão fluvial é considerada predominante em ambientes de climas com elevado regime de precipitação e gera formas de relevo chamadas fiordes.
c) A ação do vento em ambientes desérticos e costeiros promove um processo deposicional contínuo e a ausência de processos erosivos.
d) O intemperismo químico das rochas é responsável pelo processo progressivo de dissolução e pela ação da chuva e dos cursos-d'água.
e) As planícies envolvem elevações superiores a 200 metros e são diferenciadas das depressões, as quais estão relacionadas a prolongados processos de erosão em sua gênese.

Consolidando a análise

Questões para reflexão

1. (Unesp – 2018) Analise a imagem.

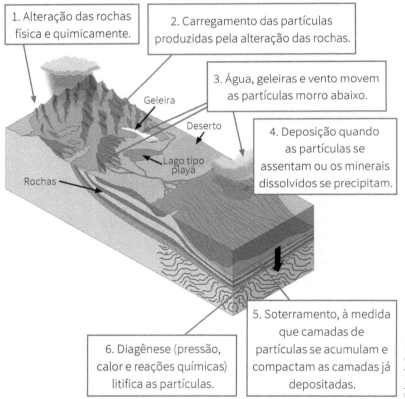

1. Alteração das rochas física e quimicamente.
2. Carregamento das partículas produzidas pela alteração das rochas.
3. Água, geleiras e vento movem as partículas morro abaixo.
4. Deposição quando as partículas se assentam ou os minerais dissolvidos se precipitam.
5. Soterramento, à medida que camadas de partículas se acumulam e compactam as camadas já depositadas.
6. Diagênese (pressão, calor e reações químicas) litifica as partículas.

(Frank Press et al. *Para entender a Terra*, 2006. Adaptado.)

a) Identifique os processos descritos em 1 e 2.
b) Identifique o tipo de rocha formado pelos processos ilustrados na imagem. Cite um exemplo desse tipo de rocha.

2. Responda às questões a seguir:
   a) Qual é a denominação da camada superficial e sólida da Terra?
   b) Como são conhecidas as rochas que se originam da solidificação do magma na superfície terrestre?
   c) Descreva como são formadas as rochas sedimentares.
   d) Apesar dos danos materiais e sociais causados às ocupações humanas próximas a vulcões ativos, os produtos resultantes da expulsão da lava também têm aproveitamento econômico. Cite um deles.

Atividade aplicada: prática

1. Elabore um mapa mental que indique as diferenças mais importantes entre os três principais tipos de rochas. Apresente as características relacionadas ao processo de formação da rocha e cite exemplos de rochas de cada tipo.

Capítulo 2

Propriedades dos minerais

Neste capítulo, vamos examinar as propriedades que caracterizam um mineral. Características como cor e capacidade de riscar ou ser riscado são aspectos que ajudam o profissional da mineralogia a reconhecer particularidades que identificam um mineral. Veremos que os minerais são constituídos de substâncias químicas e apresentam propriedades específicas, de forma que a presença de determinado elemento químico em um mineral será responsável pelo fato de certa propriedade ser mais aguda ou mais discreta.

2.1 Propriedades morfológicas

Uma rocha pode ser classificada de várias formas. Uma delas considera o tipo de mineral que a integra, pois cada mineral apresenta características peculiares. A formação dos minerais ocorre sob a influência do processo de cristalização, com a participação de líquidos magmáticos ou soluções termais. Também pode ocorrer por recristalização em estado sólido e, ainda, como produto de reações químicas entre sólidos e líquidos. As rochas podem ser identificadas pelo tipo de mineral que as integra. Assim, **mineral essencial** é aquele que distingue um tipo de rocha, como o granito, que é constituído por quartzo, mica e feldspato; **minerais acessórios** são aqueles que manifestam condições especiais de cristalização; e **minerais**

secundários são aqueles que ocorrem na rocha depois de ela já estar formada, ou seja, são formados pela alteração de outros minerais.

Ao olhar para uma rocha, devemos perceber que nela há os minerais e que dali, daquela mínima parte da rocha, surgem propriedades que identificarão a parte macro e que determinarão suas aplicações. Um eixo de ligação química, por exemplo, faz toda a diferença na manutenção firme de uma grande montanha.

Figura 2.1 – Montanha formada por rochas

Daniel Etzold/Shutterstock

O **hábito** de um mineral é sua principal propriedade morfológica e indica a forma mais frequente como um mineral se apresenta, possibilitando a formação de um sistema cristalino, isto é, uma organização da repetição dos átomos que compõem as substâncias químicas formadoras do mineral. Sob essa designação, várias outras são estabelecidas, como grau de cristalinidade, forma de agregados, formas cristalográficas e aspectos texturais. Vejamos como exemplo o cristal de cloreto de sódio (NaCl), substância formadora do sal de cozinha (Figura 2.2).

Figura 2.2 – Cristal de cloreto de sódio formando uma estrutura cristalina cúbica

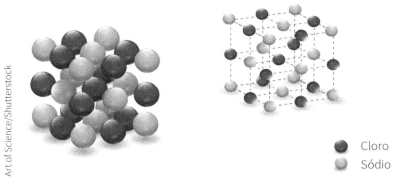

O hábito é a indicação das formas mais comuns de cristais individuais, caracterizados por uma associação de formas cristalográficas específicas, conforme apresentado na Figura 2.3.

Figura 2.3 – Principais tipos de hábitos dos cristais

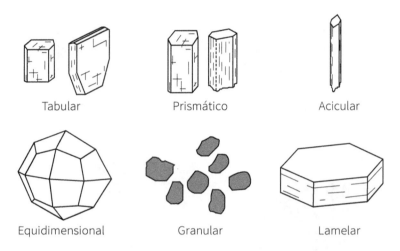

Assim, os hábitos podem ser classificados como tabular, prismático, acicular, equidimensional, granular e lamelar, entre outras formas menos comuns.

2.2 Propriedades físicas

Vamos abordar agora as propriedades físicas mais relevantes dos minerais, pois elas permitem uma avaliação mais precisa das rochas e dos minerais e tornam mais prático o trabalho de sua identificação. Os pontos de fusão e ebulição, por exemplo, também são propriedades físicas, mas não trazem praticidade ao cotidiano do mineralogista, visto que derreter um mineral é algo bastante complicado.

As propriedades físicas dos minerais, descritas na sequência, são dureza, traço, clivagem ou fratura, tenacidade, densidade relativa, magnetismo, cor e brilho.

A **dureza** de um mineral é quantificada pela escala de Mohs, que indica a resistência que determinado mineral oferece ao risco e à retirada de partículas da sua superfície. A avaliação é realizada com base no risco de um mineral em outro, atribuindo-se valores não lineares de 1 a 10. O valor de dureza 1 corresponde ao material menos duro da escala, que é o talco, o mineral no qual todos os outros da escala conseguem realizar um traço. O valor 10 foi atribuído ao diamante, a substância mais dura conhecida na natureza, ou seja, aquela, que não oferece possibilidade de ser riscada por nenhuma outra. Essa escala não corresponde à dureza absoluta de um material, pois o diamante tem dureza absoluta 1 500 vezes superior à do talco.

A escala de Mohs (Figura 2.4) propicia a análise de um mineral desconhecido com base em sua dureza e a consequente interpretação das substâncias que compõem esse mineral por meio da aproximação com os valores estabelecidos.

Figura 2.4 – Minerais avaliados pela escala de Mohs

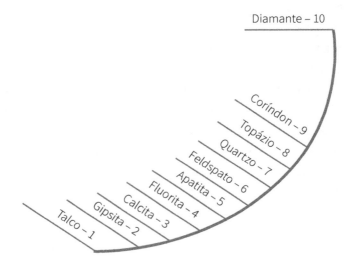

Por exemplo, se um mineral que se deseja identificar é capaz de sulcar a fluorita, mas não sulca a apatita, pode-se dizer que apresenta dureza entre 4 e 5.

O **traço** é uma propriedade que se relaciona ao fato de o mineral deixar um risco de pó quando esfregado contra uma superfície não polida de porcelana branca. Assim como ocorre com a dureza, essa é uma propriedade estritamente experimental, em que é necessário realizar a avaliação mineral por mineral. A avaliação dessa propriedade é interessante, pois nem sempre a cor do mineral indica a cor de seu traço. A hematita, por exemplo, que tem coloração cinza-escuro, fornece um traço avermelhado na porcelana.

A **clivagem** ou **fratura** é a tendência de um mineral de romper-se quando exposto a algum tipo de pressão ou força externa. A clivagem é uma propriedade macro relacionada a fenômenos micro decorrentes da intensidade das ligações químicas que permitem a formação das substâncias que compõem o mineral. Particularmente, a clivagem é mais associada à tendência de o mineral partir-se paralelamente a planos atômicos identificados por índices de Miller, como as faces do cristal. Vejamos, na Figura 2.5, os principais tipos de clivagem.

Figura 2.5 – Tipos de clivagem

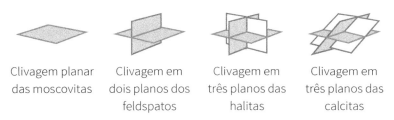

Clivagem planar das moscovitas | Clivagem em dois planos dos feldspatos | Clivagem em três planos das halitas | Clivagem em três planos das calcitas

Os planos de clivagem, portanto, são repetitivos na escala mesoscópica (do cristal), na escala microscópica e na escala da própria estrutura cristalina. A clivagem é sempre consistente com a simetria do cristal. Os índices de Miller são notações cristalográficas para a determinação da estrutura e do plano de simetria de um cristal.

A **tenacidade** é uma propriedade associada à coesão do mineral e indica sua resistência à quebra. De acordo com Barbosa e Sperandio (2021), um mineral pode ser assim classificado conforme sua tenacidade:

- Quebradiço → o mineral se rompe ou é pulverizado com facilidade. [...]
- Maleável → o mineral pode ser transformado em lâminas por aplicação de impacto. [...]
- Séctil → o mineral pode ser cortado por uma lâmina de aço. [...]
- Dúctil → o mineral pode ser estirado para formar fios. [...]
- Flexível → o mineral pode ser curvado, mas não retorna a sua forma original depois de cessado o esforço. [...]
- Elástico → o mineral pode ser curvado, mas volta à sua forma original depois de cessado o esforço. [...]

Ainda que exista uma relação entre tenacidade e dureza, um mineral duro não é necessariamente tenaz.

A **densidade relativa** indica a massa que um mineral ocupa para certo volume. Quanto maior a concentração de massa no volume analisado, maior a densidade do mineral. A densidade também é uma propriedade que depende diretamente das ligações e das interações químicas, pois, quanto maior for o grau de compactação, mais próximos estarão os átomos e, tendencialmente, mais denso será o mineral.

É possível perceber que, entre os alótropos do carbono, que são as substâncias simples desse elemento (grafite e diamante), o tipo de ligação química e a estrutura cristalina propiciam uma densidade de 2,2 g/cm^3 para o grafite e de 3,5 g/cm^3 para o diamante. O tamanho do cátion também é um diferencial para a conformação da substância e de sua densidade, pois na aragonita ($CaCO_3$) a densidade é de cerca de 2,95 g/cm^3, enquanto na cerussita ($PbCO_3$) é de cerca de 6,3 g/cm^3.

Dessa forma, é perceptível o quanto um átomo mais robusto e de núcleo maior como o chumbo influencia de maneira relevante a estrutura de um mineral e, consequentemente, de uma substância. O chumbo é um cátion com carga nuclear efetiva mais acentuada que o cálcio, o que influencia na atração do ânion que se ligará a ele.

O **magnetismo** é a propriedade de atração por ímãs. Os metais puros que são atraídos por ímãs são o ferro, o níquel e o cobalto. É necessária a presença deles em algum mineral para que ocorra atração magnética, entretanto é comum que a quantidade de níquel e cobalto existente seja relativamente baixa, a ponto de não impulsionar uma atração de fato. Além disso, na formação de sais e óxidos de ferro, níquel e cobalto, observa-se uma modificação importante na organização da distribuição dos elétrons. Como consequência, apenas dois minerais apresentam uma atração magnética importante: magnetita (Fe_3O_4) e pirrotita ($Fe_{1-x}S$).

Por sua vez, a origem da **cor** em minerais está associada a uma variedade de fatores, como presença de íons metálicos (especialmente os relacionados aos metais de transição Ti, V, Cr, Mn, Fe, Co, Ni e Cu), fenômenos de transferência de carga e efeitos de radiação ionizante. Em alguns casos, o índice de oxidação do metal pode interferir na coloração que ele apresenta na composição do mineral.

Por fim, o **brilho** de um mineral determina a maneira como ele reflete a luz. Está relacionado a diferentes fatores, como os índices de refração, a absorção da luz e as características da superfície estudada (lisa ou rugosa). Uma avaliação importante é a caracterização do brilho como metálico ou não metálico. Os minerais de brilho não metálico são derivados de ligações químicas iônicas ou covalentes, ao contrário dos de brilho metálico, cuja ligação é metálica. Enquanto os minerais de brilho metálico costumam ter uma coloração escura, o brilho não metálico apresenta subdivisões importantes, como brilho vítreo, resinoso, nacarado sedoso e adamantino.

Outras particularidades interessantes relacionadas ao brilho são o asterismo, a luminescência e a fluorescência/fosforescência. Conforme Brito (2012, p. 21),

☐ Asterismo → formação de raios de luz como uma estrela, quando o mineral é observado ao longo do eixo vertical. Ocorre principalmente em minerais hexagonais.

☐ Luminescência → emissão de luz, exceto as provocadas por incandescência.

[...]

☐ Fluorescência e fosforescência → emissão de luz provocada por exposição a determinados tipos de radiação, como luz ultravioleta, raios-X, raios catódicos.

O brilho adamantino é uma característica interessante, pois, além de ocorrer no próprio diamante, que é uma substância simples do carbono, também é observado em minerais transparentes de chumbo, que são ricos em cerussita ($PbCO_3$) e anglessita ($PbSO_4$).

2.3 Propriedades elétricas

As propriedades elétricas estão associadas à capacidade de o mineral conduzir eletricidade. Os minerais constituídos apenas ou parcialmente por ligações metálicas apresentam essa propriedade. As propriedades elétricas dividem-se em piezoeletricidade e piroeletricidade. A primeira está relacionada à variação na pressão sobre o mineral, e a segunda, a variações de temperatura.

2.4 Propriedades radioativas

As propriedades radioativas de um mineral são conhecidas desde os primórdios da descoberta da radioatividade. As principais emissões radioativas são:

- **Emissão alfa (α)** – São partículas formadas por dois prótons e dois nêutrons, do mesmo modo que o núcleo de um átomo de hélio.
- **Emissão beta (β)** – São partículas formadas por um elétron, o qual é derivado da desintegração de um nêutron que possibilita a elevação do número atômico do elemento, pois o próton se mantém no núcleo enquanto os elétrons são ejetados.
- **Emissão gama (γ)** – É uma radiação eletromagnética semelhante aos raios-X.

A uranila (UO_2SO_4) foi um mineral importante na descoberta desse fenômeno. Foi com base nas marcações que a presença desse mineral gerava em gavetas nas quais era guardado que os cientistas da época começaram a estudar o fenômeno que hoje se sabe ser decorrente da emissão de partículas e energia derivadas de núcleos atômicos instáveis, como os de urânio e tório.

2.5 Composição dos minerais

A composição dos minerais está associada às substâncias químicas e aos elementos dispostos em determinado sistema estável. Os minerais que ocorrem em grande quantidade costumam apresentar maior estabilidade do que aqueles mais raros. Entre as diferentes avaliações que podem ser realizadas a respeito da composição dos minerais, destaca-se o fato de eles poderem ou não apresentar metais em sua composição. Os minerais específicos de uma rocha e que determinam a classificação desta podem ser:

- **Minerais metálicos** – Contêm em sua composição elementos químicos metálicos, que possibilitam uma leve condução de calor e eletricidade. Exemplos: ferro, alumínio e cobre.
- **Minerais não metálicos** – Não contêm em sua composição as propriedades metálicas, ou porque não apresentam metal em sua composição, ou porque esse elemento representa uma porcentagem muito baixa de sua composição geral. Exemplos: diamante, calcário e areia.

□ **Recursos energéticos fósseis** – Contêm em sua composição elementos de origem orgânica. Exemplos: carvão, petróleo e gás natural.

Minerais muito comuns como o quartzo, a mica ou o talco apresentam uma vasta distribuição geográfica e petrológica, enquanto outros ocorrem de forma mais restrita. Mais da metade dos quase 5 mil minerais conhecidos são tão raros que foram encontrados somente em um punhado das amostras, e muitos são conhecidos somente por alguns pequenos cristais.

2.6 Silicatos

Como o próprio nome sugere, o silicato é um tipo de mineral que tem o elemento químico silício em sua composição. A abundância dos minerais desse grupo está relacionada à composição química da crosta, constituída em sua grande maioria de silício, oxigênio e alumínio, o que facilita a formação da sílica e, posteriormente, dos minerais classificados como silicatos.

Os silicatos são uma composição de silício com oxigênio, e sua fórmula química mais comum é a da sílica (SiO_2). Uma evidência do quanto os silicatos são comuns é o fato de que a areia é formada principalmente por silicatos (Figura 2.6).

Trata-se da classe mineral de maior importância, pois cerca de 25% dos minerais conhecidos e quase 40% dos minerais comuns são desse grupo. Com algumas exceções, todos os minerais que formam as rochas ígneas são da classe dos silicatos, constituindo mais de 90% da crosta terrestre. Os exemplos mais comuns de silicatos são quartzo, feldspato, mica e piroxênio. Estes são os minerais constituintes de rocha mais importantes da crosta, pois perfazem uma média de 75% de seu volume total.

Figura 2.6 – Areia da praia, majoritariamente formada por minerais do tipo silicato

icemanphotos/Shutterstock

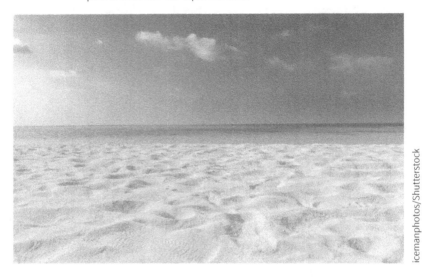

Os silicatos são derivados do ânion SiO_4^{4-}, que tem estrutura tetraédrica, conforme representado na Figura 2.7.

Figura 2.7 – Estrutura tetraédrica do ânion SiO_4^{4-}

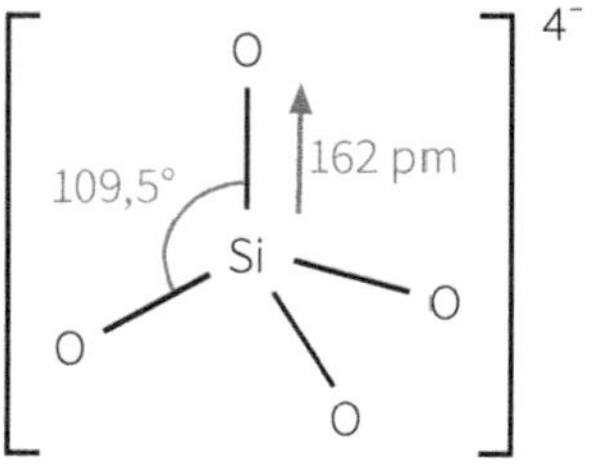

Os minerais compostos de silicatos são tetraédricos na estrutura molecular de seus cristais. Esses tetraedros organizam-se em cadeias simples ou duplas, folhas (lâminas) ou estruturas tridimensionais. Conforme o grau de polimerização do tetraedro, os silicatos são subclassificados como nesossilicatos ou ciclossilicatos. Em mineralogia, entretanto, os minerais de silicato são classificados de acordo com sua estrutura molecular nos seguintes grupos:

- olivinas (tetraedro simples);
- piroxenas (cadeia simples);
- anfíbolas (cadeia dupla);
- micas e argilas (folhas);
- feldspatos (estrutura tridimensional);
- quartzo (estrutura de SiO_2).

Essa classificação indica relações mais diretas e práticas para a subclassificação dos silicatos. Uma forma de avaliação mais aguda implica reconhecer classificações extras por meio da observação mais complexa da estrutura cristalina dos silicatos. As observações apontam outras características marcantes de cada grupo de silicato:

- nesossilicatos (separados uns dos outros por cátions);
- sorossilicatos (2 tetraedros de SiO_4 repartem 1 íon oxigênio);
- ciclossilicatos (3, 4 ou 6 tetraedros de SiO_4 se unem quimicamente por 2 íons oxigênio, formando anéis);

- inossilicatos (1 tetraedro de SiO$_4$ compartilha 2 oxigênios de cadeia simples ou 1 tetraedro de SiO$_4$ compartilha 3 oxigênios de cadeia dupla);
- filossilicatos (têm estrutura folheada);
- tectossilicatos (todos os oxigênios do tetraedro de SiO$_4$ estão ligados).

Esses grupos podem ser representados pelas estruturas ilustradas na Figura 2.8.

Figura 2.8 – Tipos de silicato

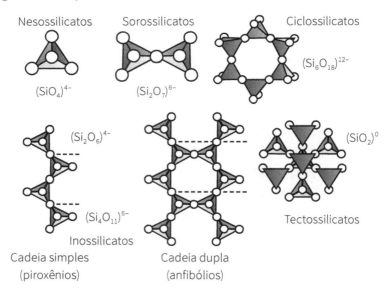

A seguir, analisaremos outra importante propriedade dos minerais: a cristalografia.

2.7 Cristalografia dos minerais

O arranjo das faces dos minerais sugere, por vezes, uma simetria definida para os cristais, o que permite agrupá-los em diferentes classes de acordo com esses arranjos. Na descrição dos cristais, são analisadas, segundo os métodos da geometria analítica, certas linhas imaginárias que passam pelo centro do cristal como eixos de referência para a organização dos átomos e a formação dos cristais. Essas linhas imaginárias são denominadas *eixos cristalográficos* e localizam-se paralelamente às arestas de intersecção das faces principais do cristal. A posição dos eixos cristalográficos é mais ou menos fixada pela simetria do cristal, pois, na maior parte das vezes, estes são eixos de simetria ou perpendiculares ao plano de simetria.

A presença ou a ausência dos planos de simetria de um cristal pode ser detectada pela difratometria de raios-X. As ondas eletromagnéticas de raios-X conseguem interagir com os átomos formadores das substâncias que constituem o cristal e, dessa maneira, é possível perceber quantas vezes e o quão distante uma estrutura se repete na formação do mineral.

Ao medir essas direções e a intensidade dos feixes espalhados, produziu-se em laboratório uma imagem tridimensional da estrutura atômica do cristal. Vejamos o exemplo do que ocorre com os minerais alótropos do elemento carbono, que são o grafite e o diamante. Ambos são substâncias puras do mesmo elemento, mas nelas os átomos de carbono estão organizados de diferentes formas, o que resulta em diferentes estruturas cristalinas e, consequentemente, distintas propriedades físico-químicas. Conforme representado na Figura 2.9, o grafite forma lâminas, enquanto o diamante apresenta uma estrutura mais enclausurada.

Figura 2.9 – Constituição de minerais de carbono puro

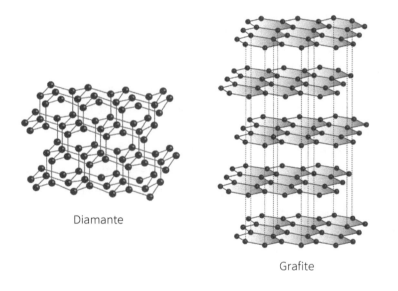

Diamante

Grafite

magnetix/Shutterstock

Assim como as frutas podem se reunir em cachos ou pencas, os cristais podem aparecer agrupados. Quando eles crescem aproximadamente paralelos uns aos outros sobre uma superfície plana, constituem uma drusa (Figura 2.10). Quando revestem a parte interna de uma cavidade, crescendo da parede em direção ao centro dessa cavidade, constituem um geodo (Figura 2.11).

Figura 2.10 – Mineral com cristalização em estilo drusa

Figura 2.11 – Mineral com cristalização em estilo geodo

Na difração de raios-X, os átomos de um cristal, em virtude de seu espaçamento uniforme, causam um padrão de interferência das ondas presentes em um feixe incidente de raios-X. Observe, no Gráfico 2.1, o difratograma de raios-X de uma amostra do argilomineral caulinita.

Gráfico 2.1 – Difratograma de raios-X de um argilomineral

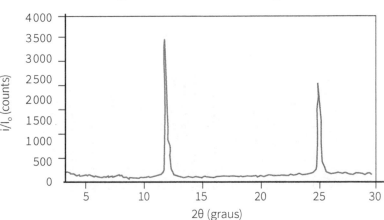

A presença de dois picos mais intensos sugere a existência de dois planos de simetria na constituição desse argilomineral. Se analisarmos a estrutura do cristal da caulinita, apresentada na Figura 2.12, perceberemos quais são as interações mais intensas ocasionadas pelos raios-X na geração das imagens dos dois picos.

Figura 2.12 – Estrutura molecular geral de um argilomineral

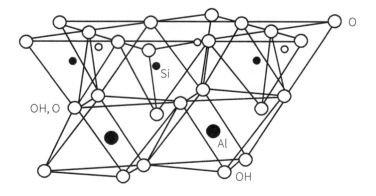

Observe que, na parte inferior, há um átomo de alumínio no centro e, na parte superior, que é um tetraedro, há um átomo de silício. Considerando-se que essas estruturas se repetem várias vezes, as ondas de raios-X conseguem detectar a distância entre os átomos de alumínio e de silício em diferentes lâminas do cristal caulinita, situação esta que se repete para a identificação da distância entre os outros átomos, o que sugere a imagem que verificamos com a estrutura mais provável para um cristal de caulinita.

Uma amostra que não apresente plano de simetria e que consequentemente não se constitua como um cristal é amorfa, e seu difratograma de raios-X deve ter uma composição semelhante à mostrada no Gráfico 2.2.

Gráfico 2.2 – Difratograma de raios-X de uma amostra de baixa cristalinidade

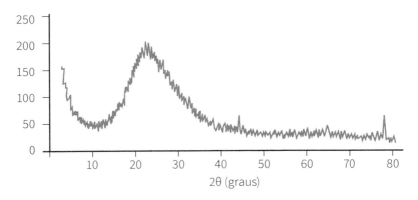

No próximo capítulo, trataremos da origem e da classificação dos minerais.

Sedimentação dos conteúdos

Neste capítulo, vimos as propriedades físicas que caracterizam um mineral e sua composição. Também examinamos os minerais metálicos e não metálicos, os silicatos e suas principais estruturas e analisamos a cristalografia de um mineral.

Ao abordarmos a cristalografia, mostramos as possíveis estruturas de um mineral e das substâncias, o que possibilita a avaliação da estrutura como cristalina ou amorfa, algo muito importante para decisões relacionadas à aplicação de cada tipo de material.

Cristalizando os conhecimentos

1. Indique a afirmação correta no que se refere à clivagem:
   a) Está relacionada à identificação da fórmula química do mineral.
   b) É uma definição relacionada à partição em um plano paralelo do mineral.
   c) Nunca está relacionada à simetria dos cristais.
   d) Os planos clivados não se repetem ao longo da estrutura.
   e) É uma propriedade independente de outros índices de classificação.

2. (IBFC – 2019 – Idam) Os minerais são formados a partir da ligação entre diferentes elementos químicos. Estas ligações químicas podem ser principalmente de caráter iônico, covalente e metálica e a ligação ou força de Van der Waals. Cumpre destacar que em um mineral as ligações não são puras, de um único tipo, mas uma mistura de tipos diferentes de ligações. Sendo que a contribuição maior ou menor de cada tipo de ligação depende da diferença de eletronegatividade entre os átomos envolvidos. Sobre os tipos de ligações e as caraterísticas químicas de um mineral, analise as afirmativas abaixo:

I. Minerais com predomínio de ligações covalentes possuem alta dureza, são bons isolantes térmicos e têm alto ponto de fusão e baixo coeficiente de expansão térmica. Minerais com predomínio de ligações iônicas são geralmente incolores, possuem dureza moderada (dependendo das distâncias interatômicas) e possuem elevado ponto de fusão.

II. Minerais metálicos possuem alta densidade, dureza baixa a moderada, alta ductibilidade e alta condutibilidade térmica e elétrica

Estão corretas as afirmativas:

a) I e II, apenas.
b) II e III, apenas.
c) I e III, apenas.
d) II, apenas.
e) I, II e III.

3. O esqueleto cristalino de um mineral é determinado pelos retículos de Bravais. Entre as alternativas apresentadas a seguir, indique aquela que descreve corretamente o entendimento desse conceito:
   a) São unidades básicas que se repetem e apresentam vizinhanças idênticas.
   b) São unidades básicas que se repetem e não apresentam vizinhanças idênticas.
   c) São micromemórias dos elementos químicos que se arranjam para formar um mineral.
   d) São esqueletos amarrados por forças atômicas, que geram arranjos complexos e formam um mineral.
   e) São macromemórias dos elementos químicos que se arranjam para formar um mineral.

4. Uma das escalas empregadas para constatar a dureza de um mineral é a escala de Mohs. A dureza de um mineral reflete a resistência dele ao risco, conforme indicado no quadro a seguir.

Escala de Mohs (minerais em ordem de dureza)	
1 – Talco	6 – Ortoclássio
2 – Gesso	7 – Quartzo
3 – Calcita	8 – Topázio
4 – Fluorita	9 – Coríndon
5 – Apatita	10 – Diamante

Indique a afirmação **incorreta** no que se refere à dureza dos minerais:

a) O diamante é o mineral mais duro.
b) Apenas o coríndon risca o diamante.
c) A apatita é riscada pelo quartzo.
d) O topázio e a fluorita riscam a calcita.
e) O mineral menos duro é o talco.

5. Indique se as afirmações a seguir são verdadeiras (V) ou falsas (F):

( ) Uma substância é considerada cristalina quando tem aspecto homogêneo em sua constituição e arranjo de átomos regular e periódico.

( ) Consideramos um elemento ou composto inorgânico cristalino aquele que ocorre naturalmente com uma estrutura interna ordenada, forma cristalina, composição química característica, macroscopicamente homogêneo e propriedades físicas definidas.

( ) Um plano de simetria em um cristal é um plano imaginário que divide um cristal em duas partes diferentes.

( ) Eixo de simetria é a linha imaginária em torno da qual um cristal pode ser girado repetindo sua aparência duas ou mais vezes durante uma rotação completa.

( ) O centro de simetria é definido por meio de uma linha imaginária que pode ser traçada de um ponto qualquer da superfície de um cristal, pelo seu centro, achando-se do outro lado um ponto semelhante.

( ) Dureza, clivagem, fratura, brilho, cor, densidade e hábito cristalino são propriedades físicas que permitem a identificação de minerais.

( ) A hematita tem um brilho nacarado.

( ) Na escala de dureza mineral, o diamante apresenta dureza 1, o quartzo dureza 7 e o talco dureza 10.

( ) A calcita apresenta dupla refração ou birrefringência.

( ) O método mais rápido e eficaz para identificar se uma rocha tem minerais carbonáticos é adicionar ácido clorídrico à sua superfície.

Agora, assinale a alternativa que corresponde à sequência obtida:

a) V, F, V, V, F, V, F, F, F, V.

b) F, V, F, V, F, F, F, V, V, F.

c) V, V, F, V, V, V, F, V, V, V.

d) V, F, F, V, V, F, V, V, F, F.

e) F, F, F, V, V, V, V, F, V, F.

Consolidando a análise

Questões para reflexão

1. Responda às questões a seguir:
   a) No que diz respeito à composição química, como são classificados os minerais?
   b) Por que a escala de Mohs é uma escala de dureza relativa?
   c) Como a composição química e o tipo de estrutura cristalina influenciam a medida de densidade dos minerais?

2. A calcita ($CaCO_3$) apresenta densidade de 2,71 g/cm³, enquanto a siderita ($FeCO_3$) apresenta densidade de 3,95 g/cm³. Explique a diferença de densidade entre esses minerais.

Atividade aplicada: prática

1. O gráfico a seguir é de uma difratometria de raios-X de uma cerâmica preparada pela composição (*blend*) de vários argilominerais. Discorra sobre a cristalinidade dessa cerâmica e sobre a quantidade de planos de simetria disponíveis nesse sistema.

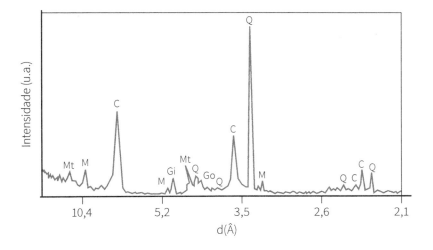

Capítulo 3

Rochas e minerais: origem, estrutura e classificação

Ao se estudar a origem dos minerais, é preciso considerar que ela está relacionada com a origem do próprio planeta Terra. A existência de muitos minerais do tipo silicato tem relação com a quantidade disponível dos elementos oxigênio e silício, por exemplo, bem como com a ocorrência de ótimas condições físico-químicas capazes de propiciar a formação das substâncias que compõem os diferentes minerais.

Estudar a origem dos minerais é, de certa forma, estudar as ligações químicas. Inicialmente, a Terra tinha forma esferoide, como uma enorme esfera maciça feita de rochas fundidas e de composição homogênea. Com o passar do tempo, considerando-se as diferentes eras geológicas, o planeta foi se resfriando e teve início o processo de cristalização dos minerais e de segregação dos elementos químicos. Essas e outras transformações serão objetos de análise neste capítulo.

3.1 Origem dos minerais

Em razão de propriedades físicas como a densidade, por exemplo, os elementos de massa mais elevada foram preferencialmente para o núcleo da Terra, enquanto os elementos mais leves constituíram os minerais e as rochas da crosta. É essa relação existente entre a composição química e a estrutura cristalina que define um mineral. Os minerais podem variar em sua composição e abrangem desde sais simples e elementos químicos em estado puro até silicatos complexos com milhares de formas conhecidas.

Conforme destacamos no capítulo anterior, uma característica extremamente importante para a avaliação dos minerais e um dos fatores mais determinantes em sua classificação é a estrutura cristalina ou a ausência dela. Esse fator evidencia, além da composição química, as propriedades do material e fornece indicações claras sobre os processos e ambientes geológicos que estiveram em sua origem, bem como o tipo de rocha de que poderá fazer parte.

3.2 Classificação dos minerais

Inicialmente, devemos considerar que as rochas mais antigas do planeta, presentes na crosta continental de distintas regiões do mundo, desenvolveram-se em decorrência da cristalização de magma fundido, sendo, portanto, rochas de origem magmática. O afundamento dessas rochas em razão de sua massa elevada as sujeitou a temperaturas e pressões diferentes daquelas em que foram inicialmente concebidas.

As variações nas condições físicas fizeram com que seus minerais preexistentes reagissem quimicamente e provocaram a variação em sua textura e composição mineralógica, transformando-as em rochas metamórficas. Esses conjuntos de rochas magmáticas e metamórficas constituem as massas rochosas mais antigas de todos os continentes. Sabemos também da existência de rochas sedimentares provenientes de atividades naturais como chuvas e ventos, mas que apresentam a mesma composição mineralógica das rochas magmáticas e metamórficas que lhes deram origem.

Há duas classificações empregadas na avaliação do extrativismo mineral, as quais se referem principalmente à quantidade e aos tipos de minerais.

Com relação à quantidade, os minerais podem ser abundantes ou escassos. Os **minerais abundantes** são aqueles que contêm ferro e manganês, por exemplo; já os **minerais escassos** são o ouro e a prata puros ou substâncias desses elementos. Essa classificação deve ser feita com ponderação, pois um minério que hoje é abundante poderá, futuramente, tornar-se escasso, ao passo que um minério hoje escasso poderá tornar-se abundante caso ocorra a descoberta de novas jazidas.

Com relação ao tipo, os minerais podem ser metálicos ou não metálicos. Como exemplos de **minerais metálicos**, podemos citar ferro, manganês, alumínio, cobre, chumbo e ouro. Como exemplos de **minerais não metálicos**, podemos mencionar petróleo e carvão (combustíveis fósseis), areia, argila e cascalho (materiais de construção) e sais como nitratos, fosfatos, enxofre e potássio (minerais da indústria química e fertilizantes).

A seguir, nos Quadros 3.1 e 3.2, são apresentadas as características e aplicações de alguns minerais.

Quadro 3.1 – Minerais metálicos

Metais básicos	Ferro, cobre, zinco, estanho, chumbo
Metais de liga	Tungstênio, molibdênio, vanádio, cobalto, cromo, manganês, zircônio, berílio
Metais leves	Alumínio, magnésio
Metais preciosos	Ouro, prata, platina
Outros metais	Rádio, urânio, mercúrio

Fonte: Classificação dos minerais…, 2021.

Quadro 3.2 – Minerais não metálicos

Utilizados em construção	Argila, amianto, gipsita, calcário, granito, basalto, gnaisse, ardósia, cascalho, mármore, areia
Utilizados em eletricidade	Quartzo, mica
Utilizados como fertilizantes	Nitrato, potássio, fósforo
Utilizados como joalheria	Diamante, rubi, safira, água-marinha, turmalina, granada, zircônio, ametista

Fonte: Classificação dos minerais..., 2021.

Podemos destacar também os minerais fósseis ou energéticos, como petróleo, carvões, xisto betuminoso e gás natural, empregados para a geração de energia e a produção de insumos para indústrias, como a do plástico.

Na próxima seção, veremos a estrutura e a classificação das rochas ígneas.

3.3 Classificação das rochas ígneas

Como as rochas ígneas propiciam a formação das demais rochas do planeta em razão das diferentes transformações possíveis, é razoável considerar que os minerais disponíveis nessas rochas também estejam presentes nos minerais dos demais tipos de rochas.

A **litosfera**, camada superficial e sólida da Terra, é constituída de rochas que, por sua vez, são desenvolvidas pela união natural entre os diferentes minerais. Em virtude do caráter dinâmico da superfície e de processos como tectonismo, intemperismo e erosão, existe uma infinidade de tipos de rochas. Como vimos anteriormente, as rochas ígneas podem ser intrusivas e extrusivas, dependendo do avanço ou não do magma diretamente na superfície.

As **rochas ígneas extrusivas** ou **vulcânicas** surgem do resfriamento do magma expelido em forma de lava pelos vulcões (Figura 3.1), desenvolvendo a rocha na superfície e em áreas oceânicas. Como nesse processo a formação da rocha é rápida, ela apresenta características diferentes das rochas intrusivas. Um exemplo é o basalto.

Figura 3.1 – Lava vulcânica

Ralf Lehmann/Shutterstock

Já as **rochas ígneas intrusivas** ou **plutônicas** originam-se no interior da Terra, comumente nas zonas de encontro entre a astenosfera e a litosfera, em um processo constitutivo mais longo. Elas surgem na superfície somente por meio de afloramentos, que se formam graças ao movimento das placas tectônicas, como ocorre com a constituição das montanhas. Um exemplo é o gabro (Figura 3.2).

Figura 3.2 – Gabro

KrimKate/Shutterstock

Os critérios texturais importantes para a classificação de rochas ígneas são cristalinidade, granulometria e homogeneidade granulométrica.

No que diz respeito à granulometria, essas rochas podem ser classificadas em grossa, média ou fina, e a composição mineralógica é medida pelo índice de cor, pela proporção entre feldspato alcalino e plagioclásio ou pela composição de plagioclásio. Essas texturas estão intimamente relacionadas ao processo de resfriamento magmático, e a granulometria é a mais importante. A granulometria representa a medida quantitativa do tamanho dos minerais constituintes de rochas ígneas, sobretudo as holocristalinas.

O uso da expressão *granulação*, utilizada frequentemente como sinônimo de *granulometria*, é desaconselhável por apresentar outro significado. Para um cristal formado do magma tornar-se grande, é preciso que haja o transcurso de determinado tempo. Portanto, quando o resfriamento é lento, há tempo suficiente para formar uma rocha ígnea constituída de minerais de granulometria grossa. Por outro lado, quando o resfriamento é rápido, não há tempo para formar cristais grandes, o que resulta em uma rocha com granulometria fina. A definição quantitativa das categorias de granulometria grossa, média e fina varia conforme o entendimento de cada autor. Portanto, na descrição das rochas, é aconselhável referir-se à medida quantitativa, como a milimétrica.

A Figura 3.3 representa as possibilidades de granulometria grossa, média e fina de uma rocha ígnea vista a olho nu, por meio de lupa e por meio de microscópio.

Figura 3.3 – Possibilidades de granulometria de uma rocha ígnea

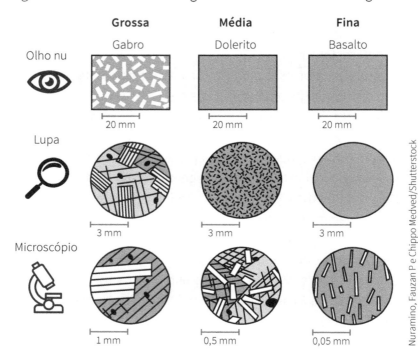

Entre os diferentes critérios que possibilitam a classificação dos minerais, destaca-se o índice de cor, que indica de forma minimamente quantitativa o teor de FeO e MgO das rochas ígneas.

Na classificação pelo índice de cor, o mineral constituinte de rochas ígneas é avaliado segundo a diafaneidade microscópica, ou seja, o grau de transparência, sendo identificadas três categorias principais:

- **Minerais incolores** – São minerais transparentes em lâminas delgadas, em geral brancos ou de cor clara a olho nu. Muitos minerais coloridos a olho nu tornam-se incolores nas lâminas delgadas. Em geral, são silicatos compostos principalmente de SiO_2, Al_2O_3, Na_2O e K_2O, com baixo teor de MgO e FeO. Sob o ponto de vista químico, são chamados *minerais félsicos*. Exemplos: quartzo, feldspato alcalino, plagioclásio e feldspatoides. O peso específico geralmente é baixo.
- **Minerais coloridos** – São translúcidos em lâminas delgadas e de cor escura a olho nu. Em geral, são silicatos compostos principalmente de SiO_2, MgO, FeO e Fe_2O_3, sendo caracterizados por alto teor de MgO e FeO. Sob o ponto de vista químico, são chamados *minerais máficos*. Exemplos: olivina, ortopiroxênio, clinopiroxênio, hornblenda e biotita. O peso específico geralmente é alto, sendo superior ao bromofórmio.
- **Minerais opacos** – São minerais opacos mesmo nas lâminas e têm frequentemente brilho metálico. Quimicamente, são óxidos, sulfatos e hidróxidos de metais pesados. Exemplos: magnetita, ilmenita e pirita. O peso específico geralmente é muito alto, motivo pelo qual são denominados *minerais pesados*.

Algumas vezes, no decorrer do resfriamento magmático, minerais acessórios, como apatita e magnetita, tendem a se cristalizar em temperatura elevada; minerais máficos, como olivina, ortopiroxênio e clinopiroxênio, em temperatura média; e minerais félsicos, como plagioclásio, feldspato alcalino e quartzo, em temperatura baixa.

3.4 Propriedades das rochas

Os principais tipos de rochas que existem apresentam propriedades diferenciadas, que permitem diferentes aplicações, as quais incluem desde suas contribuições naturais para a constituição do solo e das montanhas, por exemplo, até seu emprego comercial e industrial após a exploração. Inicialmente, vamos levar em consideração a aplicação de alguns tipos de rochas mais comuns, ressaltando qual ou quais de suas propriedades se direcionam a determinado fim. Entre as rochas mais utilizadas pelo ser humano, basalto, argila, ardósia, mármore e granito destacam-se por sua elevada importância.

O **basalto** (Figura 3.4) é uma rocha do tipo magmática vulcânica, composta de um elevado número de minerais, como augita, magnetita e quartzo. É muito utilizado em todo o mundo, sobretudo na fabricação de asfalto.

Figura 3.4 – Basalto

TuktaBaby/Shutterstock

A **argila** é uma rocha sedimentar constituída de minerais como ilita, feldspato, quartzo e caulinita. Sua principal vantagem é o elevado grau de maleabilidade, o que a torna muito útil na fabricação de utensílios como vasos e vários tipos de porcelanato. Cabe notar que argilas como a caulinita (Figura 3.5) não são necessariamente pastosas.

Figura 3.5 – Caulinita

A **ardósia** é uma rocha metamórfica originada do metamorfismo natural da argila, sendo constituída de minerais como mica e clorita. Sua formatação em placas (Figura 3.6) e sua estruturação física resistente fazem com que ela seja propícia para a utilização na construção civil, sobretudo em pisos e revestimentos.

Figura 3.6 – Placa de ardósia

Eightstock/Shuttestock

O **mármore** é uma rocha metamórfica proveniente do metamorfismo do calcário, sendo constituído de minerais como a calcita e a dolomita. É muito utilizado em ornamentações (Figura 3.7). As principais jazidas de mármore são encontradas em regiões de rocha matriz calcária e onde houve atividade vulcânica. Inicialmente, o mármore era um calcário comum; com o tempo, passou por transformações físicas e químicas em decorrência de altas temperaturas e pressões no interior da Terra.

Figura 3.7 – Mármore utilizado como decoração em casas

O **granito** é uma rocha magmática plutônica composta de quartzo, mica e feldspato. É menos delicado que o mármore, sendo ainda uma rocha muito dura e facilmente talhável, o que o torna útil em construções e formações em blocos. Apresenta cores mais mescladas (Figura 3.8) por causa da disposição interna de minerais. Isso faz com que o granito tenha uma aparência mais luminosa em comparação com o aspecto mais uniforme e suave do mármore.

Figura 3.8 – Uso de granito na decoração

Há uma diferença significativa em relação à resistência mecânica que cada uma dessas rochas apresenta: as rochas ígneas em geral são muito mais resistentes que as rochas metamórficas ou sedimentares.

3.5 Crescimento de cristais e minerais

O cristal é um sólido cujos átomos, moléculas ou íons estão dispostos em um modelo tridimensional bem definido, que se reproduz no espaço formando uma estrutura com uma geometria particular.

Na mineralogia, o cristal é descrito como uma configuração da matéria na qual as partículas constituintes estão agregadas regularmente, criando uma estrutura cristalina que desponta macroscopicamente por assumir a forma externa de um sólido de faces planas regularmente organizadas, em geral com elevado grau de simetria tridimensional. Substâncias que não apresentam estruturas cristalinas são classificadas como amorfas.

A formação de um cristal está associada à afinidade química entre os átomos constituintes das substâncias, às ligações químicas e às interações intermoleculares (interações de Van der Waals) estabelecidas. Em um cristal, o posicionamento tomado pelos átomos, moléculas ou íons que o constituem é determinado pelas posições ocupadas já existentes.

No momento da cristalização, a partícula forma com sua vizinhança um conjunto de ligações químicas, iônicas ou covalentes, que define a posição espacial que ela deverá ocupar. Como consequência desse processo, forma-se uma estrutura tridimensional, sustentada de forma mais ou menos rígida pelas ligações entre as partículas, e que progressivamente vai se propagando no espaço, formando, assim, um sólido que apresentará, pela expressão macroscópica dessa ordenação interna, uma forte tendência para a simetria. São esses os sólidos a que chamamos *cristais* (Figura 3.9). Podemos afirmar que uma palavra-chave para o entendimento de um cristal é de fato *simetria*.

Figura 3.9 – Formação da estrutura cristalina

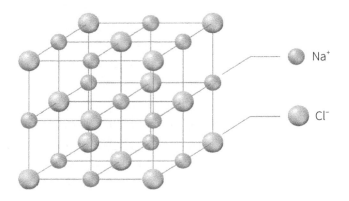

Um exemplo importante é a formação de gelo. Quando o movimento browniano (movimento desordenado das partículas em escala atômica induzido pelo calor) é suficientemente pequeno para permitir que as moléculas de água se liguem de forma estável, as ligações entre as zonas de polarização elétrica positiva e negativa das moléculas são imobilizadas por ligações de Van der Waals, as quais as mantêm em posição. Essa é uma condição que observamos a partir de 0 °C para a água. Como resultado da diminuição da energia do sistema, as moléculas da água são progressivamente presas na estrutura, formando-se o gelo.

Em virtude da formação dessa rede e da redução de entropia, que é a energia de desorganização do sistema e corresponde à ordenação das moléculas, o gelo tem uma energia interna inferior à da água, sendo necessário, assim, fornecer um calor de fusão (igual àquele que ele liberta quando solidifica) para transformá-lo novamente em água. O calor de fusão explica a estabilidade dos cristais e a tendência das substâncias puras, quando arrefecem, de assumir a forma cristalina com elevada ordenação espacial.

Os materiais que, quando solidificam, não liberam um calor de fusão, como acontece com a solidificação de um vidro, apesar de, em geral, serem considerados sólidos, são, do ponto de vista termodinâmico, líquidos com viscosidade quase infinita, já que suas partículas não atingiram um estado de mínimo energético.

Outra forma comum de cristalização, e a mais frequente em geologia, já que está presente nos magmas e nas soluções hidrotermais, é a precipitação em uma solução. Um exemplo é o que acontece com as soluções supersaturadas de sal comum ou cloreto de sódio. Quando a quantidade de sal em solução excede a que pode ser mantida àquela temperatura, os íons de sódio e cloro começam a agregar-se de maneira estruturada, em geral em torno de impurezas ou de um cristal semente, crescendo rapidamente por remoção de sal da solução. O mesmo acontece com a formação dos cristais no magma: no material fundido, ocorre a precipitação de cristais que crescem por meio da agregação dos átomos que os constituem.

O processo de formação geoquímica dos minerais remete aos processos utilizados para formar o cristal e pode ocorrer de modo natural ou sintético. Minerais e cristais que se formam de maneira natural ocorrem espontaneamente no ambiente, enquanto suas contrapartes sintéticas não são denominadas *minerais*, embora apresentem todas as suas propriedades. O processo de formação inorgânica do mineral delimita apenas os processos geoquímicos como formadores de minerais. Processos oriundos de seres vivos, como a formação do âmbar, não são considerados inorgânicos e seus produtos são chamados *mineraloides*.

Devemos considerar, portanto, que os minerais são cristais de substâncias químicas, que, por sua vez, são agregados estáveis de átomos que se organizam de tal forma que ocorre uma organização de repetição, a qual confere a cristalinidade e relaciona-se à simetria encontrada. Muitos desses cristais são substâncias que constituem as rochas e que denominamos de *minerais* (Figura 3.10).

Figura 3.10 – Composição de um cristal de mineral

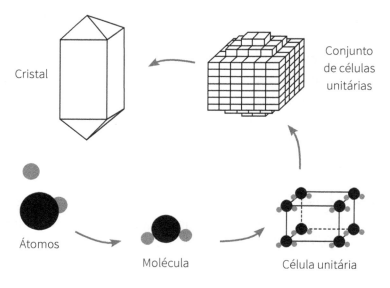

Figura 3.11 – Estrutura de cristalização de um silicato (SiO_4^{4-})

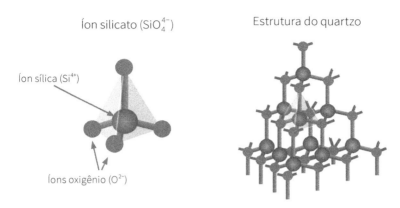

Na análise do crescimento dos cristais e das diferentes condições químicas que propiciam essa evolução, percebemos de maneira geral que, se o resfriamento ocorrer de modo lento, os constituintes do cristal (moléculas, íons e átomos) terão tempo de encontrar a melhor posição no arranjo cristalino. No entanto, se o resfriamento ocorrer rapidamente, eles não terão tempo de se organizar perfeitamente e os cristais obtidos serão pequenos e com defeito.

3.6 Eixos cristalográficos e sistemas cristalinos

Os eixos cristalográficos consistem em um conjunto de linhas imaginárias paralelas às arestas delimitadoras das principais faces de um cristal e que se interceptam no centro da cela unitária. No exemplo apresentado na Figura 3.12, os três eixos são perpendiculares uns aos outros. O eixo *a* é horizontal e está orientado no sentido do fundo para a frente da figura; o eixo *b* também é horizontal e orientado no sentido da esquerda para a direita; e o eixo *c* é vertical e orientado no sentido de baixo para cima. As extremidades dos eixos, conforme suas orientações, recebem um sinal + (positivo) ou – (negativo).

Figura 3.12 – Eixos cristalográficos de um cristal hipotético

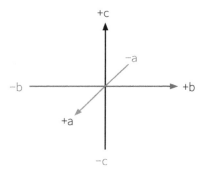

As 32 classes de simetria dos cristais podem ser agrupadas em seis sistemas cristalinos principais em virtude das características de simetria em comum. Assim, temos os seguintes sistemas:

- **Isométrico** – Todos os cristais apresentam quatro eixos ternários de simetria. Os eixos cristalográficos têm comprimentos iguais e são perpendiculares entre si.

Figura 3.13 – Sistema cristalino isométrico

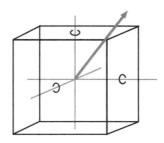

Fonte: Gambardella, 2021.

- **Hexagonal** – Todos os cristais têm um eixo ternário de simetria ou um eixo senário de simetria. Apresentam quatro eixos cristalográficos, sendo três horizontais, com comprimentos iguais e cruzando-se em ângulos de 120°, e um eixo cristalográfico vertical, cujo comprimento é diferente dos demais.

Figura 3.14 – Sistema cristalino hexagonal

Fonte: Gambardella, 2021.

- **Tetragonal** – Todos os cristais desse sistema apresentam um eixo quaternário de simetria e três eixos cristalográficos perpendiculares entre si, sendo dois horizontais de comprimentos iguais e um vertical de comprimento diferente.

Figura 3.15 – Sistema cristalino tetragonal

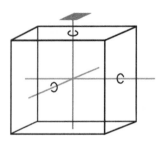

Fonte: Gambardella, 2021.

- **Ortorrômbico** – Todos os cristais desse sistema têm pelo menos um eixo binário de simetria. Apresentam três eixos cristalográficos perpendiculares entre si, todos com comprimentos diferentes.

Figura 3.16 – Sistema cristalino ortorrômbico

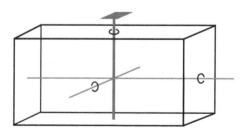

Fonte: Gambardella, 2021.

- **Monoclínico** – Os cristais têm somente um eixo de simetria (binário), um único plano de simetria ou a combinação de ambos. Apresentam três eixos cristalográficos, todos com comprimentos diferentes. Dois eixos formam um ângulo oblíquo entre si, e o terceiro eixo é perpendicular ao plano formado pelos dois anteriores.

Figura 3.17 – Sistema cristalino monoclínico

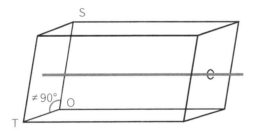

Fonte: Gambardella, 2021.

- **Triclínico** – Seus cristais diferenciam-se pela falta de eixos ou planos de simetria. Apresentam três eixos cristalográficos com comprimentos desiguais e oblíquos entre si.

Figura 3.18 – Sistema cristalino triclínico

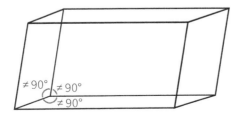

Fonte: Gambardella, 2021.

Observe que os planos ou eixos de simetria propiciam a cristalinidade. Uma difratometria de raios-X detecta principalmente essa simetria existente nas estruturas e, quanto mais vezes e mais perto elas se repetem, mais intensos são os picos apresentados no gráfico.

Sedimentação dos conteúdos

Neste capítulo, examinamos a origem dos minerais, a classificação das rochas ígneas, a composição química e mineralógica das rochas, a relação entre a composição mineralógica dos diferentes tipos de rochas, as principais propriedades e aplicações dos diferentes tipos de rochas, bem como o crescimento e a organização de um cristal.

Importante ressaltar que a estrutura de uma rocha e os minerais que a compõem têm intrínseca relação com seus processos de formação, pois qualquer condição diferente propiciaria uma nova composição e, consequentemente, novas propriedades físico-químicas para as substâncias constituintes dos minerais e das rochas.

Cristalizando os conhecimentos

1. (IGc-USP) O processo de transformação das rochas preexistentes formou as chamadas rochas metamórficas. Sobre esse processo, também chamado de metamorfização, é correto afirmar que:
   a) acontece próximo à crosta terrestre.
   b) é oriundo exclusivamente de regiões oceânicas.
   c) só atua em rochas magmáticas.
   d) só pode ocorrer após o processo de sedimentação das rochas.
   e) ocorre somente em locais de alta pressão e com temperaturas elevadas.

2. (La Salle) O intemperismo é um tipo de agente de transformação de relevo caracterizado por atuar através de processos químicos, físicos e biológicos, transformando as rochas. O tipo de rocha formada pela ação do intemperismo é a:
   a) ígnea.
   b) sedimentar.
   c) granítica.
   d) metamórfica.
   e) intrusiva.

3. As rochas metamórficas são estruturas sólidas desenvolvidas por meio de transformações de outras rochas preexistentes. Esses processos de modificação são derivados das alterações de inúmeras condições ambientais, como temperatura

e pressão, por exemplo, em relação ao ponto em que essas rochas se originaram. Assinale a alternativa que indica corretamente uma localidade na qual ocorre o evento descrito:

a) Chapada Diamantina, no Brasil.
b) Parque Nacional de Yellowstone, nos Estados Unidos.
c) Deserto do Saara, na África.
d) Cordilheira dos Andes, na América do Sul.
e) Golfo Pérsico, no Oriente Médio.

4. (FGV) As modificações de ordem física (desagregação) e química (decomposição) que as rochas sofrem em consequência da interação com a atmosfera, a hidrosfera e a biosfera são o resultado do intemperismo.

Sobre os fatores que controlam a ação do intemperismo, analise as afirmações a seguir.

I. O clima, que se expressa na variação sazonal da temperatura e na distribuição das chuvas, é o fator que determina a velocidade do intemperismo.

II. O relevo, que regula a velocidade do escoamento superficial das águas pluviais, influi na natureza dos minerais constituintes da rocha matriz.

III. A fauna e a flora, ao se decomporem, tornam as águas que penetram o solo mais ácidas, o que intensifica as reações químicas que alteram a rocha matriz.

Está correto o que se afirma em:

a) I, apenas.
b) I e III, apenas.

c) I, II e III.
d) II e III, apenas.
e) I e II, apenas.

5. (FGV) Analise os processos endogenéticos da seção da crosta terrestre apresentada na imagem.

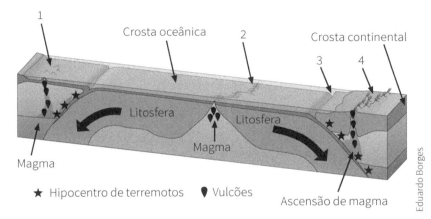

(Hélio M. Penha. "Processos endogenéticos na formação do relevo". In: Antônio J. T. Guerra e Sandra B da Cunha (orgs.). *Geomorfologia*, 2012. Adaptado.)

Os números 1, 2, 3 e 4 correspondem, respectivamente, às formas do relevo:
a) arco de ilhas, cadeia mesoceânica, fossa oceânica e montanhas.
b) planícies abissais, platô, canal submarino e terraço.
c) elevações oceânicas, rift valley, cânion e talude.
d) colinas, zona de fratura, vale e chapada.
e) cristas, plataforma continental, leque aluvial e morro testemunho.

Consolidando a análise

Questões para reflexão

1. Discorra sobre as principais diferenças entre cristais e minerais.

2. Explique o que são interações de Van der Waals e sua relação com o crescimento de um cristal.

Atividade aplicada: prática

1. As interações químicas entre as moléculas possibilitam a existência das substâncias como as conhecemos. Elabore um esquema que apresente os principais tipos de interações intermoleculares e exemplos de sistemas para cada tipo de interação.

Capítulo 4

Recursos minerais para produção de energia

Neste capítulo, vamos discutir como os recursos minerais possibilitam a geração de energia, bem como identificar suas aplicações e as localidades mais comuns onde esses recursos são explorados, no Brasil e fora dele. Além disso, vamos analisar a vantagem de um recurso em relação a outro, levando em consideração o potencial energético e as intervenções no meio ambiente.

4.1 Recursos energéticos e economia

É provável que você já tenha acompanhado notícias sobre a alta valorização ou desvalorização de diferentes ações nas bolsas de valores. Se sua curiosidade foi um pouco mais além do que a variação da porcentagem para cima ou para baixo dos diferentes índices, você deve ter percebido que as principais ações estão geralmente associadas aos recursos minerais e energéticos. É incontestável a influência do petróleo nesse sistema, um recurso da natureza que tem inúmeras aplicações, que vão desde a produção de energia para o tráfego de automóveis até o suporte para a maioria das indústrias de plástico. Além do petróleo, podemos citar minerais com o urânio, que tem a capacidade de gerar energia nuclear, um tipo de energia menos poluente que a originada pelo petróleo e cada vez mais utilizada, ainda que potencialmente apresente um risco mais elevado. A esse respeito, Kuchenbecker (2021, p. 1) observa que

Os recursos minerais energéticos são materiais naturais que, após lavrados, podem ser utilizados para a obtenção de energia para diversas finalidades. Dentre as muitas possibilidades de utilização destes recursos, merece destaque a geração de energia elétrica, uma vez que são responsáveis por quase 77% da energia elétrica gerada no mundo atualmente [...].

[...]

Os recursos minerais energéticos podem ser divididos em dois grupos principais: combustíveis fósseis e minerais radioativos. Os combustíveis fósseis são materiais combustíveis (isto é, que podem ser queimados para a obtenção de energia), formados por meio da acumulação e preservação de matéria orgânica em bacias sedimentares. A matéria orgânica acumulada nestes locais é proveniente de organismos (principalmente plantas e animais) que, após sua morte, vão sendo acumulados e soterrados por sedimentos. Os três principais combustíveis formados desta maneira são o petróleo, o gás natural e o carvão mineral. [...]

A geração de energia por meio de recursos minerais está associada principalmente aos combustíveis fósseis e aos materiais com potencial radioativo. A seguir, o Gráfico 4.1 e a Figura 4.1 representam com ocorre essa geração de energia.

Gráfico 4.1 – Utilização dos recursos minerais como fonte de energia no mundo – 2015

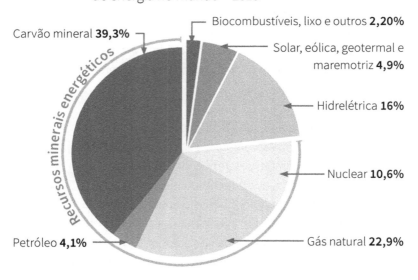

Fonte: Kuchenbecker, 2021, p. 1.

Figura 4.1 – Principais tipos de recursos energéticos disponíveis

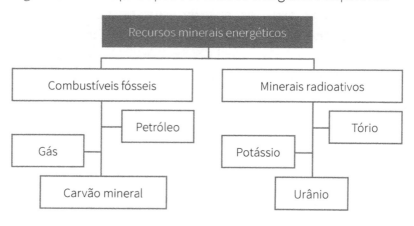

Fonte: Kuchenbecker, 2021, p. 2.

A discussão a respeito das fontes minerais de energia é muito ampla, então vamos concentrar nossa análise nos três principais combustíveis fósseis e nos três principais combustíveis radioativos. Cabe ressaltar que as hidrelétricas também utilizam um mineral para a geração de energia: a água. Nesse caso, porém, a água atua principalmente como propulsão mecânica para o processo de transformação de energia potencial em energia elétrica. Vejamos, a seguir, como os minerais podem ser utilizados para a geração de energia.

4.2 Petróleo

O abastecimento dos veículos com gasolina ou óleo *diesel* é um exemplo de como o petróleo é utilizado como gerador de energia. No entanto, devemos considerar que, por meio do uso de máquinas muito semelhantes ao motor de um carro, os geradores movidos a *diesel* ainda levam energia a inúmeros lugares do planeta. A obtenção de energia elétrica mediante o emprego de derivados do petróleo é uma consequência físico-química da combustão desses combustíveis em caldeiras, turbinas e motores.

O funcionamento de caldeiras e turbinas é análogo ao dos demais processos térmicos de geração e mais usado no atendimento de cargas de ponta ou aproveitamento de resíduos do refino de petróleo. Os grupos geradores a *diesel* são mais adequados ao suprimento de comunidades e de sistemas isolados da rede elétrica convencional.

Há vários lugares do mundo que só dispõem de energia elétrica graças à utilização de geradores a *diesel*. Além disso, prédios residenciais e grandes indústrias costumam ter esse tipo de equipamento para o abastecimento emergencial de energia. No Brasil, a geração de energia elétrica ocorre de forma predominantemente hídrica. A geração térmica por meio da combustão dos derivados do petróleo é de baixa expressão na esfera nacional.

Atualmente, contudo, a energia térmica tem desempenhado um papel relevante no atendimento da demanda de pico do sistema elétrico e, principalmente, no suprimento de energia elétrica a municípios e comunidades não atendidos pelo sistema interligado de hidreletricidade. É bastante comum que, nas crises hídricas, utilizemos a demanda de energia derivada das termelétricas, o que costuma elevar o valor da conta de eletricidade para pessoas e empresas.

O processo de destilação fracionada permite a separação dos derivados do petróleo, especialmente a separação da gasolina e do óleo *diesel*, os quais são importantes fontes de geração de energia.

A gasolina é um derivado do petróleo e apresenta sete ou oito carbonos, enquanto o óleo *diesel* tem cerca de catorze carbonos. Por apresentar um maior teor de carbono, o óleo *diesel* é potencialmente mais energético, porém mais poluente. Seu ponto de ebulição também é superior ao da gasolina, sendo que essa propriedade é o que orienta a separação dos componentes do petróleo na torre de destilação fracionada. Os derivados do petróleo retirados na parte superior são aqueles com menor teor de carbono e, consequentemente, menor ponto de ebulição (Figura 4.2).

Figura 4.2 – Separação dos derivados do petróleo em uma torre de destilação

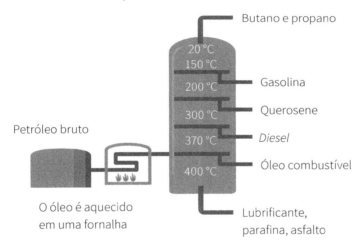

O beneficiamento do petróleo está relacionado a técnicas que intensificam a produção em maior quantidade de um de seus derivados, geralmente aquele de maior valor econômico. São processos químicos que envolvem reações específicas para aumentar a cadeia carbônica (alquilação) ou diminuí-la (craqueamento). Isso ocorre porque determinado tipo de petróleo pode ser mais rico ou mais pobre em certo derivado e essas reações são feitas para aumentar a quantidade de um dos produtos, na maioria das vezes, a gasolina.

A **alquilação** (Figura 4.3) é uma reação química de substituição que aumenta o teor de carbono no composto.

Figura 4.3 – Exemplo de alquilação de Friedel-Crafts

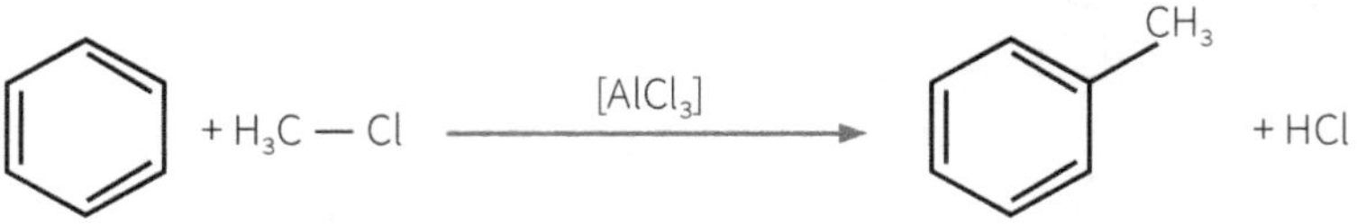

$$\text{C}_6\text{H}_6 + \text{H}_3\text{C}-\text{Cl} \xrightarrow{[\text{AlCl}_3]} \text{C}_6\text{H}_5\text{CH}_3 + \text{HCl}$$

No exemplo apresentado, observamos a inserção de um radical metil no benzeno, transformando-o em tolueno.

O **craqueamento** (Figura 4.4) consiste na quebra de moléculas de alcanos de cadeias longas por meio da ação do calor e de catalisadores adequados, o que resulta em compostos de cadeias menores (alcanos, alcenos, carbono e hidrogênio).
É um processo que permite aumentar a quantidade produzida de gás liquefeito de petróleo (GLP), gasolina e outras frações que serão transformadas em produtos indispensáveis no cotidiano.

Figura 4.4 – Reação de craqueamento do óleo *diesel*

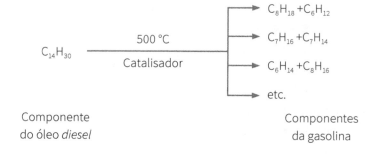

Componente do óleo *diesel*   Componentes da gasolina

A **isomerização** (Figura 4.5) é um processo que permite, por meio de aquecimento e uso de catalisadores, transformar alcanos de cadeia normal em alcanos de cadeia ramificada, os quais aumentam a octanagem de uma gasolina. Isômeros são substâncias diferentes que apresentam a mesma fórmula molecular, mas diferentes fórmulas estruturais.

Figura 4.5 – Exemplo de reação de isomerização

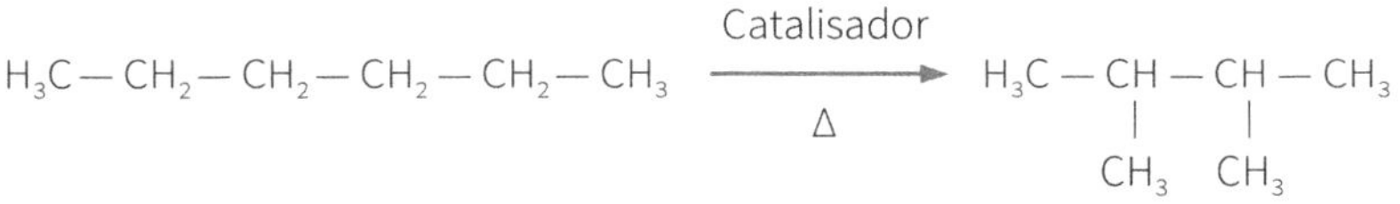

$$H_3C - CH_2 - CH_2 - CH_2 - CH_2 - CH_3 \xrightarrow[\Delta]{\text{Catalisador}} H_3C - CH - CH - CH_3$$

$$\begin{array}{cc} | & | \\ CH_3 & CH_3 \end{array}$$

Alcano com cadeia normal   Alcano com cadeia ramificada

A **reforma catalítica** ou *reforming* (Figura 4.6) é um processo que permite a transformação de alcanos em hidrocarbonetos aromáticos com liberação de gás hidrogênio.

Figura 4.6 – Exemplo de reação de reforma catalítica

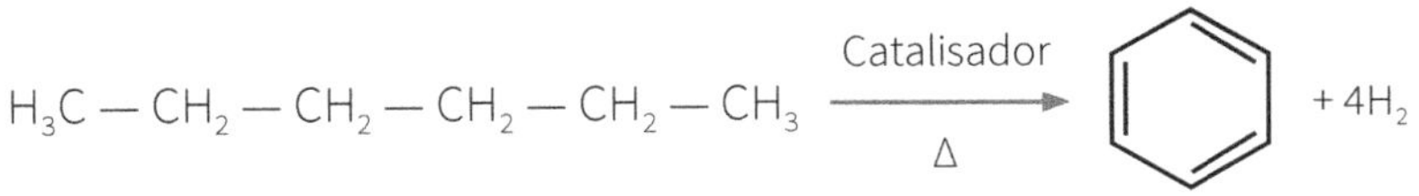

$$H_3C - CH_2 - CH_2 - CH_2 - CH_2 - CH_3 \xrightarrow[\Delta]{\text{Catalisador}} \bigcirc + 4H_2$$

Hexano   Benzeno

Observe que as reações apresentadas aumentam a gama de possibilidades para os derivados do petróleo, pois uma substância extraída pode se transformar em outras por meio de reações específicas. Por isso, o petróleo não pode ser associado apenas a combustíveis, uma vez que a indústria como um todo está muito relacionada às substâncias que compõem essa mistura.

4.3 Gás natural

No Brasil, os gases mais importantes para a geração de energia são o gás natural, o propano, o butano e o metano. O gás natural é constituído principalmente por metano (CH_4) e tem aplicação relevante em sistemas de aquecimento domiciliar.

Figura 4.7 – Gás liquefeito do petróleo – GLP (gás de cozinha)

Marian Weyo/Shutterstock

O propano (C_3H_8) e o butano (C_4H_{10}) popularizaram-se no Brasil como gás liquefeito do petróleo (GLP), também conhecido como *gás de cozinha*. O gás metano também é muito utilizado como combustível de automóveis e, nesse caso, é necessário instalar um cilindro no porta-malas do carro.

O gás natural usado como combustível para veículos apresenta cerca de 70% de metano em sua composição. Por ser um combustível com menor teor de carbono e, consequentemente, menos poluente, a utilização do metano ganhou incentivos econômicos dos governos para os proprietários de automóveis que optaram por ele, como a diminuição do valor pago no Imposto sobre a Propriedade de Veículos Automotores (IPVA). Podemos destacar ainda o etino (acetileno – C_2H_2), empregado como gás de solda e iluminação.

Os gases propano, butano e etino são derivados diretos do petróleo, e sua produção ocorre por meio do processo de destilação fracionada. Ainda que o metano também possa ser obtido dessa forma, ele é encontrado comumente já isolado dos demais derivados do petróleo, motivo pelo qual recebe denominações particulares, como *gás dos pântanos*.

Como o metano pode ser produzido mediante a utilização de matéria orgânica, ele pode ser considerado um biogás e ser aproveitado como fonte de energia. O gás metano também é encontrado como componente principal nas exalações naturais de regiões petrolíferas, dentro de cavidades de jazidas de carvão mineral. Uma quantidade desconhecida e provavelmente enorme de metano está presa no sedimento marinho e sob geleiras e glaciares, conhecidos como *campos de gás natural* ou *depósitos geológicos*.

O metano, entretanto, pode contribuir para o aumento do efeito estufa e do aquecimento global. Isso porque os animais ruminantes costumam produzir metano como parte de seu processo de digestão e, visto que a pecuária é uma atividade que cresce fortemente em todo o mundo, é inevitável o aumento desse gás na atmosfera. O metano não integra o grupo de poluentes que servem como indicadores da qualidade do ar, porém é um poluente climático de vida curta e impacta o clima vinte vezes mais que o dióxido de carbono (CO_2). A Figura 4.8 representa o uso de esterco para a produção de biogás.

Figura 4.8 – Transformação de esterco bovino em biogás

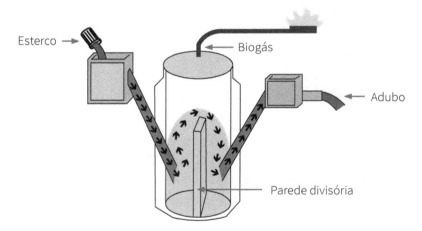

Da mesma forma que o metano natural pode ser utilizado como energia, sendo inclusive uma alternativa importante ambientalmente, parte do metano produzido pelos rebanhos bovinos também pode ser aproveitado.

4.4 Carvão mineral

O carvão mineral é uma rocha sedimentar com importantes aplicações como combustível. Apresenta cor preta ou marrom e ocorre em estratos chamados *camadas de carvão*. Suas formas mais duras, como o antracito, podem ser consideradas rochas metamórficas por causa da posterior exposição a temperatura e pressão elevadas. Em sua composição, há os elementos carbono, enxofre, hidrogênio, oxigênio e nitrogênio, além de elementos vestigiais. Quanto maior o teor de carbono, mais puro é o carvão mineral.

Figura 4.9 – Carvão mineral

small smiles/Shutterstock

Existem quatro tipos principais de carvão mineral, que, em ordem crescente de teor de carbono, são: turfa, linhito, hulha e antracito. Historicamente, os maiores produtores de carvão mineral são China, Estados Unidos, Austrália, Rússia e Indonésia. A China, sozinha, produz quase metade do carvão mineral do mundo. Os maiores exportadores são Austrália, Indonésia, Canadá, Estados Unidos e Rússia.

Assim como o petróleo, a hulha é uma importante fonte de hidrocarbonetos. Quando a madeira é soterrada, passa por um processo de fossilização na crosta terrestre, sendo gradativamente enriquecida em carbono. Isso ocorre porque a madeira é composta basicamente de hidrogênio, oxigênio e carbono. Com o tempo, o hidrogênio e o oxigênio são eliminados na forma de água (H_2O), dióxido de carbono (CO_2) e metano (CH_4). Desse modo, forma-se o carvão mineral ou natural, que é uma mistura de substâncias complexas ricas em carbono.

Também denominada *carvão de pedra*, a hulha é uma variedade do carvão mineral que apresenta um dos maiores índices de carbono em sua composição, variando entre 75% e 90%. Quando aquecida a 1 000 °C em uma retorta de ferro, na ausência de ar, a hulha produz quatro frações (Quadro 4.1), processo conhecido como *destilação seca*.

Quadro 4.1 – Frações da hulha

Fração	Composição	Uso mais comum
Gás de iluminação ou de rua	H_2, CH_4, CO e N_2, entre outros gases	Combustível
Águas amoniacais	Hidróxido de amônio (NH_4OH) e sais de amônio	Fertilizantes

(continua)

(Quadro 4.1 – conclusão)

Fração	Composição	Uso mais comum
Alcatrão da hulha	Hidrocarbonetos aromáticos, como o benzeno	Hidrocarbonetos aromáticos para síntese orgânica
Carvão coque	Sólido com alto teor de carbono	Siderurgia e metalurgia

O carvão vegetal é um produto obtido por meio da carbonização da biomassa proveniente da madeira. Essa combustão apresenta como resultado uma substância negra empregada como fonte de energia. O carvão vegetal é pouco utilizado mundialmente, com exceção do Brasil, que é o maior produtor do mundo. Esse tipo de carvão é usado industrialmente, principalmente em siderúrgicas e em metalúrgicas, e como combustível domiciliar em lareiras, churrasqueiras e fogões a lenha.

Já o carvão mineral provém da decomposição da matéria orgânica. Quando a matéria orgânica é assentada, soterrada e compactada, sofre a ação de bactérias em condições específicas de pressão e temperatura. Com o passar do tempo, ocorre a formação, nesses depósitos, de um combustível de cor negra ou marrom. Ainda que seja uma importante fonte de energia para vários países e tenha colaborado grandemente para o desenvolvimento industrial da sociedade, o carvão mineral é o combustível fóssil de maior teor poluente conhecido, prejudicando o meio ambiente desde sua extração até a produção de subprodutos por meio da combustão.

Mesmo sendo uma fonte não renovável e com alto potencial poluidor, existem fortes incentivos para a produção de energia elétrica por meio do uso de carvão mineral. Isso ocorre por causa da abundância de reservas, o que garante a segurança de suprimento e o baixo custo do minério e do processo produtivo.

4.5 Minerais radioativos

Os elementos radioativos têm propriedades relacionadas à emissão de energia em decorrência da instabilidade de seu núcleo atômico. Os núcleos atômicos instáveis podem emitir radiações alfa, beta e gama e sofrer mais facilmente os processos de fissão nuclear. Geralmente, a geração de energia nos reatores ocorre por meio de fissões nucleares. Urânio, tório e potássio são os elementos mais utilizados.

A fissão nuclear é um procedimento que ocorre em núcleos atômicos instáveis e produz reações em cadeia capazes de emitir grandes quantidades de energia. Também pode ocorrer naturalmente, consistindo, nesse caso, no decaimento de núcleos atômicos instáveis em núcleos atômicos menores e, consequentemente, mais estáveis por meio da captura de nêutrons lentos. Nos reatores nucleares, esse processo é controlado para que a reação em cadeia cesse em um momento preestabelecido.

O núcleo de um reator gera calor conforme os passos a seguir:

a. A energia cinética dos produtos da fissão é transformada em energia térmica quando os núcleos se chocam com os átomos próximos.

b. O reator absorve parte da radiação gama gerada durante a fissão e transforma sua energia em calor.

c. O calor produzido pelo decaimento radioativo dos produtos da fissão de materiais é ativado pela absorção de nêutrons. Essa fonte de calor por decaimento radioativo continua por algum tempo, mesmo que o reator seja desativado.

A Figura 4.10 representa os passos da fissão nuclear.

Figura 4.10 – Fissão nuclear

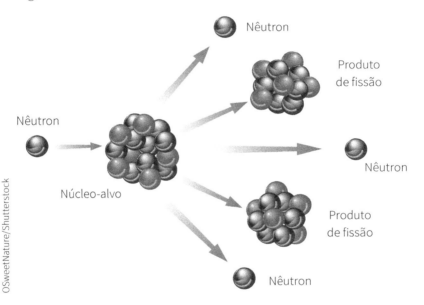

Para efeito de comparação, 1 kg de urânio-235 (U-235) transformado pelo processo de fissão nuclear libera cerca de 3 milhões de vezes mais energia que 1 kg de carvão queimado convencionalmente (7,2 · 10^{13} J/kg de U-235 contra 2,4 · 10^7 J/kg de carvão).

O urânio é um elemento bastante comum na natureza; há inclusive montanhas cujo nome faz referência a esse mineral, como os Montes Urais, na Rússia e redondezas. É o elemento natural de maior número atômico; existe, aliás, uma divisão na tabela periódica entre elementos com número atômico menor que o do urânio (cisurânicos) e elementos com número atômico maior que o do urânio (transurânicos).

A exploração do urânio tem seus relatos iniciais nos Estados Unidos, no início do século XX, embora a primeira extração para fins econômicos tenha ocorrido na Europa, na atual República Tcheca, no fim do século XIX. Do urânio era extraído o rádio, o qual era utilizado em tintas fluorescentes para ponteiros de relógios e outros instrumentos, além de aplicações na medicina.

A Agência Internacional de Energia Atômica aferiu as reservas mundiais de urânio em 5,4 milhões de toneladas em todo o mundo, sendo que 31% delas estão na Austrália, 12% no Cazaquistão, 9% no Canadá e 9% na Rússia. O Brasil oscila entre a quinta e a sexta posição no *ranking* mundial de reservas de urânio, o que representa cerca de 309 mil toneladas de U_3O_8.

O tório é um elemento similar ao urânio, mas ambientalmente mais seguro e com maior disponibilidade de reservas geológicas. Figura entre os quarenta elementos químicos mais abundantes da crosta terrestre. Os reatores nucleares de tório são potencialmente energéticos e, nos últimos anos, sua possível utilização vem sendo amplamente debatida, pois se apresentam como uma boa fonte de energia, que seria mais segura do que o urânio e menos poluente em relação à liberação de gás carbônico.

O potássio é prioritariamente encontrado em sais e óxidos. Os sais de potássio são bastante solúveis em água, por isso é comum que esse elemento químico seja encontrado sobretudo como cátion K^+ em meio aquoso. O potássio tem isótopos instáveis capazes de emitir radiação, porém a principal relação do potássio com a energia nuclear está no fato de ele compor parte do sal que permite a extração do urânio, o sulfato duplo de potássio e uranila, cuja fórmula é $K_2(UO_2)(SO_4)_2$. O potássio-40, um isótopo natural radioativo, assim como o carbono-14, o rádio e o urânio, é encontrado até mesmo no corpo humano.

4.6 Energia geotérmica

A energia geotérmica é um tipo de energia renovável que é obtido do calor proveniente do interior do planeta Terra. O processo de aproveitamento dessa energia é feito por meio de grandes perfurações no solo, pois o calor do planeta existe em uma parte abaixo da superfície da Terra.

Esse tipo de energia é produzido em usinas ou centrais geotérmicas. Geralmente, sua instalação ocorre próximo a locais nos quais há grande quantidade de vapor e água quente. Dessa forma, os reservatórios geotérmicos fornecem a energia necessária para alimentar os geradores de turbina e produzir eletricidade. Em 1904, foi construída a primeira usina geotérmica do mundo, na cidade de Larderello, na Itália.

Figura 4.11 – Central geotérmica

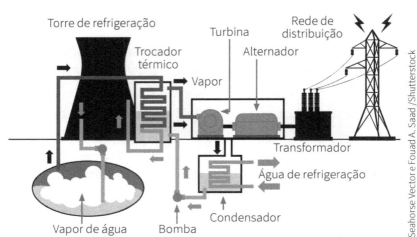

Fonte: Reis, 2019, tradução nossa.

Em uma comparação com a energia proveniente dos combustíveis fósseis, que colabora para o aumento do efeito estufa, a emissão de gases na atmosfera pela energia geotérmica é praticamente nula. Ainda que as centrais geotérmicas não necessitem de grandes espaços para a produção dessa energia, ela é muito dispendiosa quando comparada às outras e apresenta baixa eficiência, sendo, portanto, pouco rentável.

4.7 Comparação da produção de energia proveniente de diferentes fontes

A produção de energia em cada país está relacionada às fontes de energia de que cada um dispõe. Analisemos, por exemplo, o caso do Brasil, país com relevo acidentado e com grande quantidade de rios, o que possibilita que nossa matriz energética seja principalmente do tipo hidrelétrica. Países que não têm essa disponibilidade optam por formas de geração de energia mais adequadas às suas condições naturais, porém às vezes mais poluentes.

Mesmo fontes de energia mais adequadas ambientalmente, como a eólica, podem ter consequências ambientais por causa da emissão de barulho que prejudica a locomoção das aves. Já a energia solar, que de fato não apresenta problemas ambientais, é pouco confiável em razão da necessidade da incidência solar.

Em contrapartida, o carvão é altamente poluente, mas sua utilização é segura, pois a disponibilidade desse recurso mineral é alta. Os reatores nucleares apresentam algumas vantagens, como a grande quantidade de energia gerada para uma pequena massa de minerais, o que causa menor exploração de recursos naturais, e a baixa emissão de gases poluentes. No entanto, os reatores costumam aquecer a água dos rios ao redor da usina e são potencialmente mais perigosos, pois podem gerar acidentes.

O Gráfico 4.2 apresenta de forma aproximada quais são as matrizes energéticas mais utilizadas no Brasil, e o Gráfico 4.3 indica as principais fontes de energia no mundo.

Gráfico 4.2 – Produção de energia no Brasil – 2019

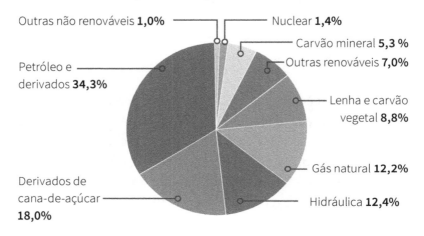

Fonte: EPE, 2021.

Gráfico 4.3 – Produção de energia no mundo – 2018

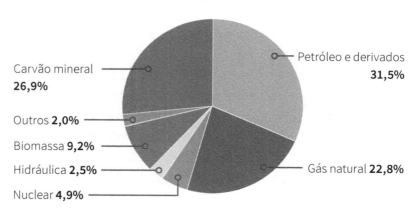

Fonte: EPE, 2021.

De acordo com esses gráficos, o Brasil utiliza uma maior quantidade de fontes renováveis de energia do que o restante do mundo. Isso é positivo, porém poderia ser ainda melhor considerando-se as particularidades naturais do país. As fontes não renováveis de energia são as principais responsáveis pela emissão de gases de efeito estufa (GEE). Como no Brasil o consumo de energia de fontes renováveis é maior que em outros países, a relação entre a emissão de GEE e o número total de habitantes é favorável. Dessa forma, o país emite menos GEE por habitante que a maioria dos outros países. O Gráfico 4.4 representa essa situação.

Gráfico 4.4 – Consumo de energia proveniente de fontes renováveis e não renováveis no Brasil e no mundo – 2018

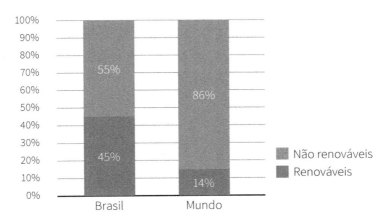

Fonte: EPE, 2021.

Também podemos comparar a geração de eletricidade no Brasil e no mundo e analisar quais são os recursos minerais e naturais mais utilizados para essa finalidade (Gráficos 4.5 a 4.7).

Gráfico 4.5 – Produção de energia elétrica no Brasil – 2019

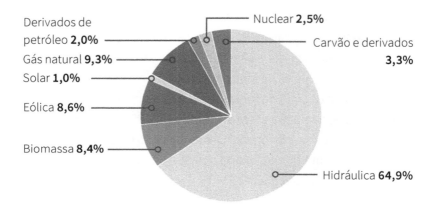

Fonte: EPE, 2021.

Gráfico 4.6 – Produção de energia elétrica no mundo – 2018

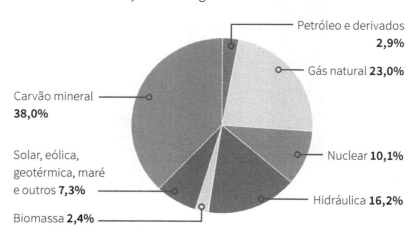

Fonte: EPE, 2021.

Gráfico 4.7 – Utilização de fontes renováveis e não renováveis para a geração de energia elétrica no Brasil e no mundo – 2018

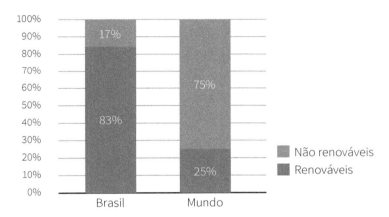

Fonte: EPE, 2021.

Os gráficos apresentados indicam as formas mais comuns de geração de energia. É importante ressaltar que a geração de energia na sociedade contemporânea deve estar alinhada aos processos ambientais. Os países, as indústrias e o cidadão comum devem atentar ao tipo de energia que consomem para que o bem-estar de hoje não se transforme em um problema no futuro. O Brasil é um exemplo de país que consegue ter diferentes matrizes energéticas, o que nem sempre é uma possibilidade para outros, pois os recursos minerais e o relevo podem não propiciar as melhores condições.

Sedimentação dos conteúdos

Neste capítulo, vimos os principais recursos minerais disponíveis no Brasil e no mundo para a geração de energia. Comparamos o uso de recursos minerais no Brasil e no mundo para a produção de energia e discutimos as vantagens e as desvantagens de alguns minerais para essa finalidade.

Também destacamos as diferenças entre as matrizes energéticas, considerando as especificidades de cada país. Muitas vezes, é necessário escolher modelos mais poluentes e até mesmo perigosos em virtude da escassez de certos recursos na região.

Cristalizando os conhecimentos

1. O Brasil apresenta um dos maiores potenciais hidrelétricos do mundo, o que justifica o fato de essa energia ser a mais utilizada no país. As usinas hidrelétricas são enaltecidas por serem consideradas ambientalmente mais corretas do que outras alternativas de produção de energia, mas vale lembrar que não existem formas 100% limpas de realizar esse processo. Assinale a alternativa que indica, respectivamente, uma vantagem e uma desvantagem das hidrelétricas:

a) Não emitem poluentes na atmosfera, porém são muito eficientes.
b) São ambientalmente corretas, porém interferem diretamente no efeito estufa.
c) A produção pode ser controlada, porém os custos são muito elevados.
d) Ocupam pequenas áreas, porém interferem no curso dos rios.
e) A construção é rápida, porém dura pouco tempo.

2. A seguir, são apresentadas algumas informações sobre as diferentes fontes de energia e sua importância:

I. As fontes de energia exercem um papel importante nas atividades humanas. Delas se originam eletricidade e combustíveis, que são úteis para a produção e o transporte de bens e mercadorias.

II. As fontes de energia mais utilizadas no Brasil são petróleo, hidrelétrica, carvão mineral e biocombustíveis.

III. A evolução das fontes de obtenção de energia teve impacto direto no trabalho humano, pois a energia facilitou e agilizou as atividades produtivas.

IV. No Brasil, as fontes de energia são prioritariamente as renováveis, como as energias eólica, solar e hidrelétrica.

Está(ão) **incorreta(s)** a(s) afirmativa(s):

a) I e IV, apenas.
b) II e III, apenas.
c) III, apenas.
d) IV, apenas.
e) I, II, III e IV.

3. Assinale a alternativa que indica fontes renováveis de energia:
   a) Biocombustíveis, petróleo e carvão mineral.
   b) Energia solar, energia eólica e urânio.
   c) Urânio, gás natural e energia hidrelétrica.
   d) Energia hidrelétrica, energia solar e biocombustíveis.
   e) Gás natural, energia eólica e energia solar.

4. (UFPB – 2012) Os recursos energéticos utilizados atualmente podem ser classificados de várias formas, sendo usual a distinção baseada na possibilidade de renovação desses recursos (renováveis e não renováveis), numa escala de tempo compatível com a expectativa de vida do ser humano.

   Considerando o exposto e o conhecimento sobre o tema abordado, é correto afirmar:
   a) O petróleo é uma fonte de energia renovável, pois novas descobertas, a exemplo do petróleo extraído do pré-sal, comprovam que é um recurso permanente e inesgotável.
   b) O carvão mineral é uma fonte de energia renovável, pois a utilização de lenha para sua produção pode ser suprida através de projetos de reflorestamento.
   c) O gás natural é uma fonte de energia renovável, pois é produzido concomitantemente ao petróleo, através de processos geológicos de duração reduzida, semelhantes à escala de tempo humana.
   d) A biomassa é uma fonte de energia renovável, pois é produzida a partir do refino do petróleo, que é um recurso não renovável, mas pode ser reciclado.
   e) A energia eólica é uma fonte de energia renovável, pois é produzida a partir do movimento do ar, o que a torna inesgotável.

5. (UFPR – 2007) Recentemente, anunciou-se que o Brasil atingiu a autossuficiência na produção do petróleo, uma importantíssima matéria-prima que é a base da moderna sociedade tecnológica. O petróleo é uma complexa mistura de compostos orgânicos, principalmente hidrocarbonetos. Para a sua utilização prática, essa mistura deve passar por um processo de separação denominado destilação fracionada, em que se discriminam frações com diferentes temperaturas de ebulição. O gráfico a seguir contém os dados dos pontos de ebulição de alcanos não ramificados, desde o metano até o decano.

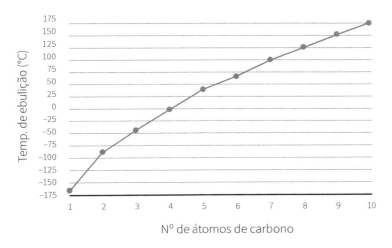

Com base no gráfico anterior, considere as seguintes afirmativas:

1. CH_4, C_2H_6, C_3H_8 e C_4H_{10} são gasosos à temperatura ambiente (cerca de 25 °C).

2. O aumento da temperatura de ebulição com o tamanho da molécula é o reflexo do aumento do momento dipolar da molécula.
3. Quando se efetua a separação dos referidos alcanos por destilação fracionada, destilam-se inicialmente os que têm moléculas maiores.
4. Com o aumento do tamanho da molécula, a magnitude das interações de Van der Waals aumenta, com o consequente aumento da temperatura de ebulição.

a) Somente as afirmativas 1 e 2 são verdadeiras.
b) Somente as afirmativas 1 e 3 são verdadeiras.
c) Somente as afirmativas 1 e 4 são verdadeiras.
d) Somente as afirmativas 2 e 3 são verdadeiras.
e) Somente as afirmativas 2, 3 e 4 são verdadeiras.

Consolidando a análise

Questões para reflexão

1. (UnB – 2012) A produção de combustíveis oriundos da biomassa faz parte das políticas de governo de vários países, entre os quais se inclui o Brasil. A respeito desse tema, julgue os itens subsequentes.

a) O aumento da produção de etanol no Brasil tem reduzido a concentração da posse de terras e incentivado a diversificação agrícola.

b) No setor de transportes, o uso de biocombustíveis tem sido considerado uma solução para a redução de gases de efeito estufa, o que atende aos propósitos do Protocolo de Quioto.
c) Atualmente, a agroindústria açucareira, tal como ocorreu no período colonial, fornece matéria-prima energética e promove a interiorização da população brasileira.

2. (Unifesp – 2017) A figura mostra o esquema básico da primeira etapa do refino do petróleo, realizada à pressão atmosférica, processo pelo qual ele é separado em misturas com menor número de componentes (fracionamento do petróleo).

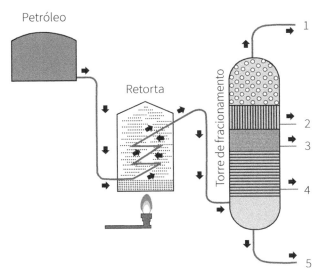

(Petrobras. *O petróleo e a Petrobras em perguntas e respostas*, 1986. Adaptado.)

a) Dê o nome do processo de separação de misturas pelo qual são obtidas as frações do petróleo e o nome da propriedade específica das substâncias na qual se baseia esse processo.

b) Considere as seguintes frações do refino do petróleo e as respectivas faixas de átomos de carbono: gás liquefeito de petróleo (C3 a C4); gasolina (C5 a C12); óleo combustível (> C20); óleo diesel (C12 a C20); querosene (C12 a C16). Identifique em qual posição (1, 2, 3, 4 ou 5) da torre de fracionamento é obtida cada uma dessas frações.

Atividade aplicada: prática

1. Faça uma pesquisa sobre recentes ocorrências de derramamento de petróleo em águas brasileiras. Identifique suas causas, suas consequências e medidas que poderiam ser tomadas para evitar outros desastres ambientais.

Capítulo 5

Mineração e meio ambiente

Os diferentes recursos naturais disponíveis no planeta propiciaram o desenvolvimento da tecnologia como a conhecemos. Ao longo da evolução da sociedade, houve diferentes eras de avanços industriais e tecnológicos até alcançarmos os patamares atuais. Em um primeiro momento, entendeu-se a exploração de tais recursos como algo que poderia ser apenas benéfico, afinal, exploramos um recurso natural para obtermos determinado artefato que traz benefícios, proporciona conforto e gera lucro. Tudo parecia se encaixar perfeitamente, até percebermos que é sempre preciso manter o equilíbrio com a natureza. Por exemplo, a mineração requer o uso de reagentes químicos específicos, como aqueles necessários para isolar o ouro de substâncias compostas. Envolve, ainda, a construção de barragens que desviam o curso dos rios e promove a retirada da vegetação e a erosão do solo, entre outras ações impactantes. Os processos de mineração, porém, também são responsáveis pelo desenvolvimento tecnológico e pela geração de empregos. Neste capítulo, vamos analisar os impactos ambientais provocados pela mineração, discutir o desenvolvimento sustentável das técnicas de mineração e examinar os modelos de mineração mais utilizados no Brasil.

5.1 Processos de mineração

O processo de mineração mais comum é a **lavração**, que ocorre por meio da exploração do ambiente e busca obter o máximo possível de recursos minerais disponíveis. As etapas mais comuns para a determinação do processo de mineração são:

a. **Prospecção** – Compreende estudos e reconhecimento geológico preliminares.
b. **Pesquisa mineral** – Envolve as atividades de exploração, delineamento e avaliação.
c. **Lavra** – Consiste no desenvolvimento do projeto e na exploração.
d. **Descomissionamento de mina** – Corresponde à desativação e ao fechamento da mina.

Existem dois tipos de lavras: as lavras a céu aberto, que são realizadas desde a superfície do solo, e as lavras subterrâneas, nas quais o minério é encontrado a alguns metros do solo.

Na **lavra a céu aberto** (Figura 5.1), é comum que o minério seja explorado da jazida até o final em decorrência da facilidade de ser encontrado e explorado. É uma forma de mineração bastante lucrativa, pois os investimentos tecnológicos para exploração costumam ser menores.

Figura 5.1 – Exploração de ouro na Tailândia por meio de uma lavra a céu aberto

A exploração por lavra a céu aberto pode ocorrer de diferentes formas, que incluem desde explosões até dissoluções do mineral. O uso de explosivos geralmente é muito útil para determinar a granulometria de trabalho do mineral, ou seja, se o objetivo for a obtenção de blocos do mineral, a explosão poderá ser leve, mas, caso se queira obter grãos menores, as explosões terão de ser mais intensas. Esse processo também pode ocorrer mecanicamente, com a utilização de escavadeiras, sendo esse o modo mais apropriado atualmente por causa da diminuição da poluição sonora e pelo fato de não gerar tremores subterrâneos nas proximidades das minas.

Um método bastante comum de lavração a céu aberto está relacionado à prática de exploração por encostas ou cavas (Figura 5.2). A lavra em encosta está acima do nível de escoamento da drenagem e é realizada sem acumular água. Já a lavra em cava está abaixo da cota topográfica original, o que torna a mina um grande reservatório e exige o bombeamento para o esgotamento da água. Na mineração por cavas, é comum a ocorrência de vazamentos para os rios e lagos mais próximos.

Figura 5.2 – Mineração por cavas

Um procedimento importante na mineração por lavra a céu aberto é o talude, que são os degraus da cava da mineração. A altura e a angulação de cada talude devem ser muito bem calculadas para que a mina tenha uma sustentação que impeça a ocorrência de acidentes. Para uma boa preparação do talude, é necessário um conhecimento bastante específico das propriedades físicas e químicas dos minerais que estão sendo explorados, pois cada um deles apresenta diferentes características de solubilidade e resistência mecânica.

Além do conceito de talude, devemos compreender o que é berma. Comparando-se com uma escada, o talude seria a altura do degrau, e a berma, a parte horizontal em que pisamos. A estabilidade do talude com a berma propicia a segurança de uma cava ou encosta de mineração de lavra a céu aberto.

Também podemos destacar a ocorrência de lavras por dragagem, tiras, matacões, maciços e desmonte.

- **Dragagem** – Ocorre quando o mineral está submerso ou dissolvido em meio aquoso. São utilizadas dragas que puxam o material para que, assim, seja realizada a separação.
- **Tiras** – Ocorrem em jazidas com predominância de camadas horizontais com espessuras de minério menores em relação às grandes dimensões laterais.
- **Matacões** – Nesse processo, a amostra de rocha destacada do corpo principal é desmontada em duas partes por meio da utilização de pólvora negra, carregada em dosagens crescentes em um furo central localizado no plano preferencial de clivagem do bloco. As duas porções de rocha são continuamente subdivididas e esquadrejadas no próprio local até atingir a dimensão de bloco para serragem.
- **Maciços** – Ocorre quando o jazimento mineral tem predicados homogêneos, sem a grande presença de fraturas.
- **Desmonte** – Envolve a utilização de explosivos carregados em furos próximos entre si, os quais determinam um plano de corte.

Os processos de **lavra subterrânea** (Figura 5.3) costumam ser mais trabalhosos e, consequentemente, requerem mais investimentos. Nesse caso, as etapas de prospecção e de pesquisa mineral são extremamente importantes para avaliar a relação custo-benefício da instalação de toda a aparelhagem necessária, pois, ainda que a atividade humana continue sendo protagonista com a construção de trilhos que propiciem a chegada dos mineradores até a jazida, também existe a utilização de sondas e equipamentos topográficos.

Figura 5.3 – Mineração de cobre em uma mina de lavra subterrânea

Uma vantagem relevante das lavras subterrâneas em relação às lavras a céu aberto são os impactos ambientais, que geralmente são consideravelmente menores. Entretanto, é comum os minérios explorados em um tipo de lavra não serem exatamente do mesmo tipo dos encontrados quando se utiliza outra técnica, sendo por isso importante para a mineração como um todo a utilização dos dois procedimentos.

Entre as desvantagens das lavras subterrâneas, destacam-se o investimento em gastos com eletricidade e a estatística de acidentes de trabalho, bem mais comuns nesse tipo de lavra.

O recuo por crateras verticais é o método mais empregado atualmente e tem como objetivo fazer a recuperação de pilares, sempre no sentindo descendente, o que aumenta as recuperações na lavra.

As três técnicas mais comuns para a mineração com lavra subterrânea são os pilares de realces abertos, o corte/preenchimento e o recalque. Nos **pilares de realces abertos**, o minério é extraído como um realce aberto no qual parte do minério é deixado para servir de sustentação das paredes. O **corte/preenchimento**, técnica conhecida também como *cut and fill*, consiste na movimentação de terra para cortar e aterrar. A quantidade de material dos cortes corresponde aproximadamente à quantidade de aterramento necessária para fazer aterros próximos. O **recalque** é o método menos mecanizado, pois depende da relação entre as dimensões dos equipamentos de perfuração e a espessura e inclinação da camada para que esta permita a operação dos equipamentos.

5.2 Impactos ambientais

A mineração é uma atividade que gera muita riqueza, desenvolvimento econômico e empregos. No entanto, assim como qualquer atividade de exploração da natureza, há impactos ambientais relevantes.

É provável que você se lembre de desastres como os ocorridos no interior do estado de Minas Gerais, em 2015 e em 2019, os quais, além de provocarem impactos ambientais, foram responsáveis pela morte de centenas de pessoas. Esses são casos mais isolados que nem podemos classificar como impactos ambientais, e sim como desastres. A Cordilheira dos Andes (Figura 5.4), por exemplo, que abrange Venezuela, Colômbia, Equador, Peru, Bolívia, Chile e Argentina, é rica em minerais de ferro e cobre, mas explorá-la provocaria um impacto ambiental muito grande, além de uma transformação irreparável da paisagem local.

Figura 5.4 – Cordilheira dos Andes

Bruna Ragonesi/Shutterstock

As empresas exploradoras de minerais e os profissionais envolvidos, como químicos, geólogos, geógrafos e engenheiros, entre outros, devem sempre estar atentos ao custo-benefício da exploração, colocando na balança os impactos ambientais e sociais decorrentes da exploração em determinado local. Vale ressaltar que a mineração, atividade na qual também está incluída a exploração de petróleo, é o grande suporte econômico da sociedade em que estamos inseridos.

Aqui, cabe enfatizar a definição de *impacto ambiental*. O Conselho Nacional do Meio Ambiente (Conama) apresenta a seguinte conceituação:

> Art. 1º Para efeito desta Resolução, considera-se impacto ambiental qualquer alteração das propriedades físicas, químicas e biológicas do meio ambiente, causada por qualquer forma de matéria ou energia resultante das atividades humanas que, direta ou indiretamente, afetam:
>
> I – a saúde, a segurança e o bem-estar da população;
> II – as atividades sociais e econômicas;
> III – a biota;
> IV – as condições estéticas e sanitárias do meio ambiente;
> V – a qualidade dos recursos ambientais. (Brasil, 1986)

Considerando a definição apresentada, podemos levar em conta algumas situações que se destacam mais e aprofundá-las: as condições estéticas e sanitárias, a biota e os aspectos socioeconômicos.

Com relação às questões estéticas, a paisagem local faz parte da formação da fauna e da flora e de aspectos culturais e econômicos da comunidade. Um rio, por exemplo, fomenta a pesca, uma atividade econômica e cultural. Assim, a poluição desse rio para uma atividade de extração mineral pode influir no desenvolvimento da biota e até extingui-la, mas também afeta os pescadores e suas famílias, que dependem da pesca para viver.

É necessário haver um estudo prévio à prática da exploração, para que as empresas que desejam explorar o local o façam mediante indenizações aos moradores da região por causa das perdas que eles terão ao longo da vida, uma vez que não poderão mais realizar suas atividades de sustento.

Voltemos a refletir sobre uma situação levantada anteriormente: uma possível exploração de minerais de ferro e cobre na Cordilheira dos Andes. Ainda que exista muito mineral desses dois elementos químicos, aquela paisagem é única e geradora de outras fontes de riqueza, sobretudo o turismo. Desse modo, explorar uma área como essa é algo inapropriado em razão da singularidade de tudo o que há ali. A questão estética, na verdade, é apenas um problema inicial, pois é inevitável que a poluição do solo e da água também venha a ocorrer posteriormente.

No Brasil, país em que o principal tipo de exploração mineral é a lavra a céu aberto, a primeira etapa do impacto ambiental é o desmatamento da vegetação, seguida pela contaminação dos recursos hídricos e do solo.

A contaminação dos recursos hídricos está relacionada a três fatores principais: utilização da água para consumo do beneficiamento do minério explorado; recarga dos aquíferos em virtude da diminuição do fluxo de água; e contaminação da água com substâncias tóxicas.

A contaminação da água por substâncias tóxicas é o impacto mais danoso, pois o consumo dessa água por seres vivos e vegetais está relacionado diretamente à manutenção da vida e do bem-estar. Há casos impressionantes de contaminação da água pela mineração, como o ocorrido em Minamata, no Japão, na década de 1950. Na ocasião, houve uma síndrome neurológica provocada pelo envenenamento por mercúrio. Os sintomas incluíam distúrbios sensoriais nas mãos e nos pés, danos à visão e à audição, fraqueza e, em casos extremos, paralisia e morte.

A contaminação química da água, de lençóis freáticos, das bacias de rios e de seus afluentes pode gerar consequências inimagináveis. A diminuição do porte do fluxo de água em um rio, por exemplo, não somente afeta a diversidade e a quantidade dos seres vivos, mas também provoca a erosão e a transformação do solo. A formação de barragens é um caso extremamente importante, pois está relacionada ao desvio natural do curso de um rio, ou seja, trata-se de uma influência direta no funcionamento normal da natureza.

Assim como a contaminação da água, a contaminação do solo está relacionada à presença de substâncias tóxicas que venham a impossibilitar, na região afetada, a prática de agricultura ou mesmo a habitação de pessoas. A exploração de ouro, por exemplo, utiliza mercúrio, e a de zinco, arsênio. Mercúrio e arsênio são elementos químicos que compõem substâncias extremamente tóxicas, o que implica o descarte total do solo de toda a região durante décadas. A exploração de prata e ouro nos Estados Unidos, principalmente no estado de Nevada, inicialmente gerou muita riqueza e levou desenvolvimento à região, mas hoje essas localidades são verdadeiras cidades-fantasmas em virtude da contaminação do solo (Figura 5.5).

Figura 5.5 – Belmont, no estado de Nevada, nos Estados Unidos

Vale destacar ainda que a contaminação do solo e da água em conjunto diminui a resistência do solo para comportar construções civis, sendo que, em alguns casos, é comum a ocorrência de terremotos de acomodamento do solo e até um rebaixamento da altitude.

A poluição sonora, a redução da biodiversidade, a formação das barragens de rejeito e a diminuição dos recursos minerais, com o passar do tempo, provocaram um efeito reverso na economia de muitas localidades, como ocorreu no norte do Chile, por exemplo, que teve um desenvolvimento econômico relevante nas décadas de 1970 e 1980 e hoje sofre com a saída das companhias exploradoras de cobre, o que gera pobreza e desigualdade social na região.

5.3 Desenvolvimento sustentável e efeitos da mineração

É fundamental pensar em formas de desenvolvimento sustentável que possam diminuir os efeitos da mineração e que realmente estejam relacionadas a atividades capazes não apenas de gerar lucro para as empresas, mas também de promover o bem-estar econômico e social para todos os envolvidos no processo, desde a própria empresa até os moradores da região que será explorada.

Uma das questões mais importantes em relação à evolução do desenvolvimento sustentável das atividades de extração de minerais nas últimas décadas foi a elaboração de uma legislação que instituiu várias normativas que destacam a importância da valorização da comunidade local e da preservação do meio ambiente.

A Constituição Federal de 1988, se verdadeiramente aplicada, já seria um exemplo internacional de possibilidade de desenvolvimento da mineração em conformidade com a exploração sustentável dos recursos minerais. Essa legislação (Brasil, 1988) estabeleceu os seguintes princípios relacionados ao meio ambiente:

- □ supremacia do interesse público sobre o privado;
- □ indisponibilidade do interesse público na proteção ambiental;
- □ intervenção estatal obrigatória;
- □ participação popular;

- garantia do desenvolvimento econômico;
- função social e ecológica da propriedade;
- avaliação prévia dos impactos ambientais;
- prevenção de danos e proteção contra a degradação ambiental;
- precaução em face das incertezas técnico-científicas;
- responsabilização por condutas e atividades lesivas;
- respeito à identidade, à cultura e aos interesses das comunidades minoritárias;
- cooperação internacional.

Os impactos ambientais são uma preocupação dos governantes e, de fato, é preciso observar que a exploração mineral no Brasil só é iniciada após uma análise dos benefícios e das consequências geradas. O principal cuidado é a fiscalização das minas já instaladas.

Para que esses princípios sejam verdadeiramente observados, é necessário identificar a região com potencial de mineração e estabelecer parcerias com líderes comunitários para que estes demonstrem à população local que os processos de mineração vão trazer benefícios a todos. Deve haver sensibilidade por parte das empresas e de seus acionistas para buscar gerar empregos, principalmente para os moradores da região, além de adequação das regras ambientais e constante fiscalização e auditoria interna e externa, atividades que sempre precisam estar em pauta para o estabelecimento de uma mina de exploração.

O gerenciamento de risco é um processo fundamental para a sustentabilidade de qualquer processo, especialmente os de mineração, que apresentam alto potencial de dano ambiental, motivo pelo qual uma equipe preparada e uma legislação adequada são extremamente relevantes. No Brasil, um importante processo relacionado ao gerenciamento de risco só foi de fato estabelecido após os fatídicos desastres de Mariana e Brumadinho, em Minas Gerais, com a criação de resoluções que proibiram barragens de rejeito.

5.4 Mineração no Brasil

O Brasil é um dos países que mais dispõem de minérios, e desde a época da colonização ocorre a exploração de seus recursos naturais, com destaque para os minerais. Cerca de 9% de todos os recursos minerais existentes no mundo estão disponíveis no país. Um de nossos mais importantes estados tem seu nome relacionado à mineração: o estado de Minas Gerais.

Ainda que estejamos inseridos em um importante processo de industrialização, uma fatia relevante da economia brasileira ainda é dependente da mineração. Aproximadamente 5% do Produto Interno Bruto (PIB) brasileiro é diretamente derivado da mineração, mas indiretamente essa porcentagem é muito maior, pois os empregos e lucros gerados por uma mineradora estão estreitamente associados a um fluxo positivo de rotação da economia. Os ativos mais relevantes de papéis negociados nas bolsas de valores, por exemplo, geralmente são de *commodities* decorrentes da mineração.

Os principais recursos minerais disponíveis no Brasil são:

- **Petróleo** – Ainda que seja uma mistura de compostos orgânicos, o petróleo é um mineral. Do petróleo, por meio da destilação fracionada, são obtidos importantes produtos, como gasolina, querosene e óleo *diesel*. Os derivados do petróleo também são de suma importância para o desenvolvimento da indústria de plástico. O petróleo brasileiro é essencialmente oceânico, o que prejudica a competição de valores, pois é um tipo de petróleo mais caro de ser extraído quando comparado ao petróleo existente em desertos, como no caso dos países árabes. Principais reservas: Bacia de Santos, Bacia de Campos e Bacia do Espírito Santo (litoral sudeste).

Figura 5.6 – Extração de petróleo

- **Carvão mineral** – Assim como o petróleo, o carvão mineral é utilizado principalmente como fonte de energia e serve, por exemplo, para propiciar o funcionamento de usinas termelétricas. Por ser rico em carbono, muitas substâncias desse elemento químico também podem ser extraídas do carvão mineral e, consequentemente, ser úteis para os diferentes segmentos industriais. Entre os vários combustíveis fossilizados, o carvão mineral é o mais comum e abundante e seus subprodutos são vitais para muitas indústrias modernas. Principais reservas: Santa Catarina e Rio Grande do Sul.
- **Diamante** – O diamante atende às indústrias de joias e pedras preciosas. Apesar de ter inúmeras aplicações físico-químicas importantes, é nesse segmento que se encontra sua principal aplicação, em virtude de sua valorização já ser extremamente relevante a ponto de não ser beneficiado para outras utilizações, limitando-se a questões ornamentais e de lastro financeiro. Principais reservas: Minas Gerais, Mato Grosso, Bahia e Paraná.

Figura 5.7 – Diamante e carvão

- **Minério de ferro** – O ferro é o elemento químico que compõe a quase totalidade do aço, sendo importante para diferentes segmentos industriais. O ferro é um elemento químico, mas é encontrado na natureza formando sais e óxidos. Pirita (FeS_2), óxido férrico (Fe_2O_3) e óxido ferroso (FeO) são as principais substâncias químicas que contêm esse elemento. Para obtê-lo puro, é necessário utilizar processos de beneficiamento que isolem o ferro dos demais elementos e, dessa forma, tornem possível aplicá-lo nos diferentes segmentos metalúrgicos e siderúrgicos. Principais reservas: Quadrilátero Ferrífero (sul de Minas Gerais), Serra dos Carajás (centro do Pará) e Maciço do Urucum (oeste do Mato Grosso do Sul).
- **Bauxita** – Esse é o nome dado ao solo e às rochas que contêm quantidades significativas de óxido de alumínio (Al_2O_3). Por meio dos processos de beneficiamento da bauxita, especialmente a eletrólise ígnea de grande escala, é possível isolar o alumínio, elemento que tem diversas aplicações na composição de ligas metálicas leves. Principais reservas: Serra dos Carajás (centro do Pará), Jari (Amapá) e Vale do Rio Trombetas (oeste do Pará).
- **Cobre** – O cobre tem aplicações bastante amplas, pois, em razão de sua abundância e boa capacidade de condução de eletricidade, é largamente utilizado na transmissão de energia. O cobre não é necessariamente o melhor condutor de eletricidade, mas sua abundância e relativa capacidade de conduzir bem a corrente elétrica propiciam esse diferencial.

Por causa de sua baixa capacidade de corrosão, o cobre é um elemento muito empregado em ligas metálicas e costumeiramente é aproveitado na composição de estátuas. Principais reservas: Serra dos Carajás (centro do Pará), Goiás, Minas Gerais, Bahia e Ceará.

Figura 5.8 – Cabos de cobre

TakaYIB/Shutterstock

- **Estanho** – As principais aplicações do estanho estão associadas à composição de ligas metálicas. Ele se liga facilmente ao ferro e, durante a Antiguidade, foi confundido com esse outro metal. A presença do estanho possibilita conferir um melhor acabamento às ligas metálicas e, além de esse elemento atuar na prevenção da corrosão de outros metais, apresenta baixo potencial de redução, o que o leva a oxidar-se mais facilmente. Principais reservas: Província Estanífera (Rondônia) e Amazonas.

- **Manganês** – Muito semelhante ao ferro, o manganês também tem importantes aplicações na constituição de ligas metálicas. Com o manganês, são produzidas substâncias químicas com aplicações industriais, como óxido de manganês (MnO_2), utilizado na formulação de pilhas secas, e permanganato de potássio ($KMnO_4$), forte agente oxidante que pode ser usado até na assepsia de ferimentos. Principais reservas: Serra dos Carajás (centro do Pará), Serra do Navio (Amapá) e Maciço do Urucum (oeste do Mato Grosso do Sul).
- **Níquel** – Principais reservas: Serra dos Carajás (centro do Pará), Goiás e Minas Gerais.
- **Ouro** – Principais reservas: Minas Gerais, Goiás, São Paulo, Maranhão, Alagoas, Rio Grande do Sul e Serra dos Carajás (centro do Pará).
- **Nióbio** – Principais reservas: Amazonas, Minas Gerais, Rondônia e Goiás.

Observe, no Mapa 5.1, quais são os principais recursos minerais do Brasil e sua área de ocorrência.

Mapa 5.1 – Principais recursos minerais do Brasil e sua localização

- 🪨 Carvão mineral
- 🟫 Alumínio
- ⬛ Ferro
- 🟦 Estanho
- 🟤 Cobre
- 🔲 Chumbo
- 🔳 Manganês
- 🪙 Ouro
- 🛢 Petróleo
- 🔥 Gás natural
- 〜 Sal marinho
- ◈ Diamante
- ● Calcário
- ■ Flúor
- ⬢ Potássio
- ★ Fósforo

Fonte: EducaBras, 2021.

Algo importante a ser considerado e repensado no modelo econômico brasileiro é que, na maioria dos casos, o Brasil exporta os minérios que temos para depois importar produtos beneficiados e de alto valor econômico agregado que contêm esses minérios em sua composição. A maioria dos países que se desenvolveram e atingiram um patamar econômico apreciável consegue transformar suas matérias-primas em bens de consumo. Talvez o melhor exemplo disso seja o Vale do Silício, na Califórnia (Estados Unidos), pois ali se encontra muita matéria-prima para o desenvolvimento da tecnologia associada à informática e à instalação de boa parte das empresas de ponta do ramo.

Sedimentação dos conteúdos

Neste capítulo, vimos os principais processos de mineração e seus impactos ambientais. Também discutimos a relação da mineração com o desenvolvimento sustentável e analisamos a extração de minérios no Brasil. Ainda, estabelecemos um paralelo entre os impactos ambientais e a produção de energia, pois é quase impossível produzir energia sem que ocorra alguma ação negativa na natureza. Assim, é necessário alinhar as duas situações, uma vez que a geração de energia é tão importante quanto a preservação do meio ambiente.

Cristalizando os conhecimentos

1. Indique se as afirmações a seguir são verdadeiras (V) ou falsas (F) no que se refere à mineração:
   ( ) Estimado como um dos países com maior potencial mineral do mundo, o Brasil produz cerca de setenta substâncias minerais.
   ( ) No Brasil, a maioria das empresas mineradoras está localizada na Região Norte.
   ( ) Atualmente, o Brasil é o maior exportador mundial de ferro e nióbio e o segundo maior de manganês e bauxita.

   Agora, assinale a alternativa que corresponde à sequência obtida:
   a) F, V, F.
   b) V, F, V.
   c) F, F, V.
   d) V, F, F.
   e) F, F, F.

2. Indique a afirmativa **incorreta** no que se refere aos processos de mineração:
   a) O método de lavra a céu aberto refere-se à extração de minérios que se encontram em depósitos de maior profundidade.
   b) Os principais tipos de lavra a céu aberto são encostas, cavas, fatias e lavras por dissolução.

c) O método de lavra subterrânea consiste na extração de minérios que se encontram em depósitos afastados da superfície.
d) As variações da lavra subterrânea são métodos com realces autoportantes, com realces das encaixantes e com abatimento.
e) A lavra a céu aberto é um processo que consiste na perfuração do solo em linha reta até se atingir o minério desejado e que tem na extração do petróleo o principal exemplo.

3. Numere os itens a seguir de 1 a 4 de modo a ordenar as etapas da mineração:
( ) Descomissionamento de mina.
( ) Pesquisa mineral.
( ) Prospecção.
( ) Lavra.

Agora, assinale a alternativa que corresponde à sequência obtida:
a) 4, 1, 3, 2.
b) 2, 4, 1, 3.
c) 4, 2, 1, 3.
d) 2, 1, 3, 4.
e) 4, 3, 2, 1.

4. Indique a afirmativa **incorreta** no que se refere aos processos de mineração:
a) A mineração consiste nas atividades de pesquisa, extração, transporte, processamento e transformação do minério e comércio do produto final.

b) As etapas do processo de mineração são prospecção (estudos preliminares), pesquisa mineral (exploração e avaliação), lavra e descomissionamento de mina (desativação).

c) A lavra a céu aberto corresponde à extração de minério até seu esgotamento por meio de técnicas como encostas, cavas e fatias.

d) A lavra subterrânea consiste na exploração de minérios que se encontram próximos à superfície por meio de variações, como realces com autoportantes e abatimento.

e) Na mineração, é importante levar em consideração o benefício econômico da exploração antes de realizar todas as etapas para a exploração do solo.

5. (FGV – 2018) Leia o excerto e analise a imagem.

O experimento constitui-se por lâminas ou placas de metal galvanizado que fecham três lados de um retângulo com um quarto lado posicionado na parte mais baixa da área de amostragem, na qual se instala uma calha coletora, também construída por lâmina de ferro. A calha, por sua vez, é conectada a tambores por saídas laterais. O trabalho do pesquisador é coletar, a cada chuva, o volume de água e sedimentos armazenados na calha e nos tambores, medindo-os, secando-os e pesando-os em balança de precisão.

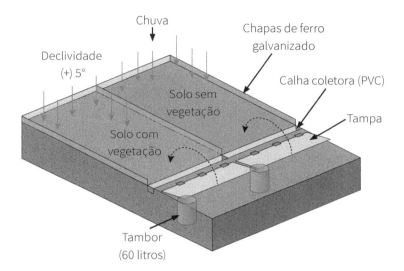

(Jurandyr L. S. Ross et al. Técnicas de geomorfologia. In: Luís A. B. Venturi (org.). *Geografia*, 2011. Adaptado.)

A partir de conhecimentos sobre técnicas de conservação dos solos, é correto afirmar que no experimento:

a) o escoamento superficial será menor no solo sem vegetação.
b) o tambor do solo sem vegetação apresentará maior quantidade de sedimentos.
c) o processo erosivo será interrompido no solo com vegetação.
d) o escoamento superficial será maior no solo com vegetação.
e) o tambor do solo com vegetação apresentará maior quantidade de sedimentos.

Consolidando a análise

Questões para reflexão

1. Discorra sobre possíveis problemas provocados pela mineração se uma mina de exploração não for bem administrada.

2. Apresente as principais características da lavra a céu aberto e da lavra subterrânea, bem como suas semelhanças e diferenças.

Atividade aplicada: prática

1. Faça uma pesquisa sobre impactos ambientais ocorridos no Brasil em virtude da atividade de mineração, identificando causas, consequências e medidas preventivas que poderiam (e ainda podem) ser tomadas.

Capítulo 6

Aplicações dos minérios e sua importância econômica

Os minérios encontrados na natureza têm diferentes aplicações industriais, das mais refinadas às mais simples, em virtude de suas características físico-químicas, além do aspecto econômico associado. Neste capítulo, vamos relacionar os processos de extração à aplicação de cada mineral, discutindo um pouco as características e as utilizações daqueles mais importantes, além de analisar como ocorre seu beneficiamento, isto é, a transformação do que é encontrado na natureza com vistas à obtenção de produtos com valor econômico e aplicação nas indústrias.

6.1 Processo de beneficiamento dos minerais

A atividade de extração e beneficiamento dos minérios é importante para a manutenção da economia, afinal, quase tudo o que é produzido precisa de alguma matéria-prima, que, em muitos casos, é um minério. Aqui, cabe destacar toda a questão histórica relacionada aos minerais e minérios, uma vez que muitas cidades e até mesmo países se desenvolveram por meio da exploração econômica de insumos minerais.

No Brasil, a extração de diferentes minérios foi responsável por parte da ocupação do território nacional e, sobretudo, pelo equilíbrio econômico e pela geração de riquezas. Os processos de extração mineral estão relacionados, de alguma forma, com todos os acontecimentos sociais e têm ligação com praticamente todas as questões de crescimento e desenvolvimento do país.

A história da mineração no Brasil Colônia revela essa forte influência do setor. No período colonial, o ouro descoberto no país foi levado para Portugal e gerou lucro até para a Inglaterra, que teria financiado a Revolução Industrial com parte das riquezas tiradas da colônia portuguesa. Com a riqueza gerada pela extração de ouro na época, surgiu uma nova classe consumidora no Brasil: a classe média.

A mineração é a atividade industrial que transforma minérios em produtos de utilidade para a sociedade. Como vimos, a mineração impacta o meio ambiente, mas, se forem tomadas as devidas precauções, esse impacto pode ser minimizado. Em paralelo, é inegável que os produtos obtidos por meio da atividade mineral proporcionam qualidade de vida e conforto e são essenciais para o ser humano moderno. Além disso, a mineração atrai muitos investimentos e tem retorno financeiro significativo. O potencial do setor sempre foi conhecido, desde o período do Brasil Colônia.

Vamos tratar, agora, do beneficiamento do minério de ferro, que é o de maior impacto econômico e também o mais comum.

Os principais tipos de minérios de ferro são magnetita, hematita, limonita e siderita. Entre todos esses tipos de minério, a hematita, que compõe a maioria dos minerais brasileiros, é o mais relevante, em razão de sua relativa abundância e de seu alto teor de ferro. A Figura 6.1 retrata a participação da mineração na economia brasileira.

Figura 6.1 – Importância da atividade mineral na economia do Brasil

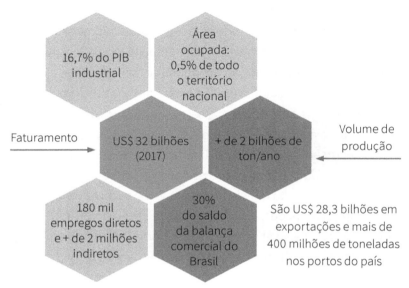

Fonte: Ibram, 2018, p. 6.

No Brasil, a hematita ocorre em grandes massas compactas ou friáveis de elevado teor de ferro ou como rocha metamórfica laminada em camadas alternadas com quartzo, denominada *itabirito*, podendo atingir até 69% de ferro. Vejamos, no Quadro 6.1, quais são os principais minérios de ferro e suas características.

Quadro 6.1 – Minérios de ferro

Nome	Magnetita	Hematita	Limonita	Siderita
Cor	Cinza-escuro	Cinza e vermelho-fosco	Amarelo e marrom-escuro	Cinza-esverdeado
Composição química	Fe_3O_4	Fe_2O_3	$2Fe_2O_3 \cdot 2H_2O$	$FeCO_3$
Porcentagem de ferro	Aprox. 72%	Aprox. 70%	Aprox. 73%	Aprox. 48%
Ocorrência	Rochas ígneas, sedimentares e metamórficas	Rochas sedimentares e metamórficas	Rochas sedimentares	Rochas sedimentares

O produto do beneficiamento é chamado *concentrado*, e sua qualidade, bem como seu preço estão diretamente associados ao teor de ferro que apresenta. Perceba que, nesses processos que descrevemos, ainda não houve de fato uma separação do ferro metálico dos demais elementos químicos que constituem o minério. Muito possivelmente, a rocha com o sal ou óxido de ferro foi desmembrada em pedaços menores (pulverizada) e separada de outros minérios que têm diferentes densidades e apresentam atividade magnética.

Figura 6.2 – Hematita

As principais etapas do processo de beneficiamento de minério de ferro são constituídas de uma série de procedimentos cujo objetivo é utilizar o material resultante da extração para separar os minerais desejados da ganga, que é o rejeito do minério, desprovido de interesse econômico. Os processos podem ser físicos ou químicos e sua utilização depende dos fins e da qualidade requerida para o minério beneficiado:

- **Britagem** – Reduz a granulometria do minério por meio da utilização de britadores e peneiras.
- **Moagem** – Reduz a granulometria do minério por meio da utilização de moinhos, de modo adequado às etapas seguintes do processo.
- **Deslamagem** – Retira partículas ultrafinas prejudiciais às fases posteriores do beneficiamento.

Os principais processos de classificação e concentração são:

- **Peneiramento** – Separa minério e rejeito por granulometria.
- **Jigagem** – Separa minério e rejeito por densidade.

- **Separação magnética** – Separa minério e rejeito por propriedades magnéticas.
- **Flotação** – Separa minério e rejeito por propriedades químicas, além de ajustar o minério quimicamente.

Vejamos, agora, a bauxita, minério que apresenta o elemento alumínio em sua constituição.

Figura 6.3 – Bauxita

A bauxita compõe-se de uma mistura que contém minerais de alumínio. Os mais importantes são gibbsita Al(OH)$_3$, diásporo AlO(OH) e boemita AlO(OH). Esses minerais são conhecidos como *oxi-hidróxidos de alumínio* e suas proporções na rocha variam muito entre os depósitos, assim como o tipo e a quantidade das impurezas do minério, como óxidos de ferro, argila, sílica e dióxido de titânio, entre outros.

A maioria das bauxitas economicamente aplicáveis têm um conteúdo de alumina (Al_2O_3) entre 50% e 55%, sendo que o teor mínimo para que ela seja aproveitável é de 30%. Entre os vários processos de beneficiamento da bauxita, destacam-se os apresentados no Quadro 6.2.

Quadro 6.2 – Processos de purificação do alumínio

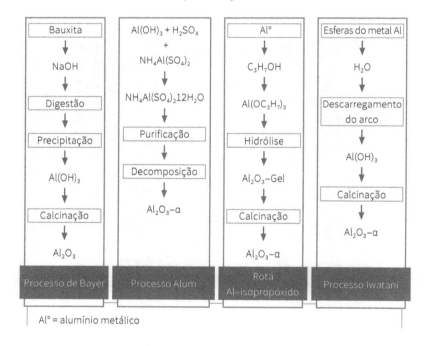

Al° = alumínio metálico

O processo Bayer é o mais comum e consiste em um ataque alcalino com hidróxido de sódio que possibilita a precipitação de hidróxido de alumínio. A calcinação dessa base fornece a alumina, que é o óxido de alumínio. A alumina passará posteriormente por eletrólises que possibilitarão a formação do alumínio metálico puro. Já o processo Alum está mais relacionado a amostras de bauxita ricas em hidróxido de alumínio. Observe que, nesse caso, por tratar-se de uma amostra com alcalinidade mais acentuada, a primeira etapa da reação ocorre com a utilização de um ácido forte, o ácido sulfúrico (H_2SO_4). No processo Bayer, as principais reações químicas são aquelas que se realizam por meio de:

☐ gibssita ($Al_2O_3 \cdot 3H_2O$):

$Al_2O_3N \cdot 3H_2O + 2NaOH \longleftrightarrow 2NaAlO_2 + 4H_2O$

☐ boemita ($Al_2O_3 \cdot 3H_2O$):

$Al_2O_3N \cdot H_2O + 2NaOH \longleftrightarrow 2NaAlO_2 + 2H_2O$

☐ argilas cauliníticas ($Al_2O_3 \cdot 2SiO_2 \cdot 2H_2O$):

$5[(Al_2O_3 \cdot 2SiO_2 \cdot 2H_2O)] + Al_2O_3 \cdot 3H_2O + 12NaOH \longleftrightarrow$

$2[3Na_2O \cdot 3Al_2O_3 \cdot 5SiO_2 \cdot 5H_2O] + 10H_2O$

Considerando-se para a bauxita o isolamento da alumina, um último processo se faz necessário para a obtenção do alumínio metálico. A eletrólise ígnea ocorre por forte aquecimento da substância a ser decomposta para que dela sejam obtidas substâncias mais simples. É um método complicado de ser realizado, pois requer a utilização de sistemas com temperaturas elevadas, o que, em alguns casos, pode comprometer a estrutura dos eletrodos que fornecem a corrente elétrica. A substância levada para aquecimento até sua fusão é colocada em um recipiente chamado *cuba eletrolítica,* com dois eletrodos submersos nela. Os eletrodos, por sua vez, estão ligados a uma fonte geradora de corrente elétrica, que pode ser uma pilha ou bateria.

Um dos exemplos mais importantes de eletrólise ígnea é a do cloreto de sódio (NaCl) ou sal de cozinha, que produz duas substâncias simples: o sódio metálico, $Na^0(s)$, e o gás cloro, $Cl_2(g)$. A Figura 6.4 representa a eletrólise ígnea do sal de cozinha.

Figura 6.4 – Esquema de eletrólise ígnea

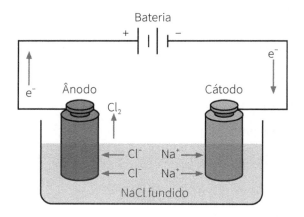

As reações que ocorrem no cátodo (redução) e no ânodo (oxidação) são, respectivamente:

No ânodo:	$2Cl^-$	→	$2e^-$	+	Cl_2
No cátodo:	$2Na^+$	+	$2e^-$	→	$2Na$
Reação da eletrólise:	$2Cl^-$	+	$2Na^+$	→	$Cl_2 + 2Na$

Ao final do processo, será possível observar, próximo ao polo negativo, a formação de uma pasta branca amarelada, que é o sódio metálico, e, próximo ao polo positivo, haverá o borbulhamento de cloro gasoso. Ao contrário das pilhas, os eletrodos da eletrólise são inertes, ou seja, os eletrodos são apenas o local em que ocorrerá a reação química de deposição das substâncias simples, e não haverá consumo deles como ocorria, por exemplo, no eletrodo que se oxidava da pilha.

Considerando esse processo de eletrólise ígnea, podemos voltar ao caso da bauxita/alumina. A eletrólise ígnea permite a obtenção do alumínio a partir da bauxita (Al_2O_3). O Brasil é um dos principais exploradores de bauxita, minério do qual se obtém o alumínio.

Figura 6.5 – Exploração de bauxita

Em condições normais, a bauxita funde-se a 2 050 °C. Com a utilização da criolita (Na_3AlF_6) como fundente catalítico, essa temperatura cai para 1 000 °C. A dissociação por aquecimento do óxido de alumínio, principal constituinte da bauxita, é a seguinte:

$Al_2O_3 \rightarrow 2Al^3 + 3/2O_2$

No polo negativo, ocorre a reação de redução:

$4Al^{3+} + 12e^- \rightarrow 4Al°$

No polo positivo, ocorre a reação de oxidação:

$6O^{2-} \rightarrow 3O_2 + 12e^-$

A equação global desse processo é a seguinte:

$$2Al_2O_3 \rightarrow 4Al^{3+} + 6O^{2-}$$
$$4Al^{3+} + 12e^- \rightarrow 4Al°$$
$$\underline{6O^{2-} \rightarrow 3O_2 + 12e^-}$$

$$2Al_2O_3 \rightarrow 4Al° + 3O_2$$

Ao término do processo, o gás oxigênio formado na oxidação reage com o carbono do eletrodo de grafita e produz CO_2.

6.2 Aplicações dos minerais

Os minerais podem ter diversas aplicações. Vejamos, por exemplo, o caso da prata, que pode ser encontrada isolada como metal na natureza e na formação de agregados salinos e óxidos. A principal aplicação da prata é na confecção de joias e no lastro econômico, mas os sais de prata também são muito utilizados na medicina como soluções aquosas para desinfecção ocular. Quando pensamos em uma argila como a caulinita, é bem provável que a aplicação mais comum esteja relacionada à cerâmica, porém, em razão de sua estrutura lamelar, ela é um ótimo agente para captura de moléculas poluentes em um meio aquoso ou ainda para encapsulamento de medicamentos, o que ajuda na liberação mais controlada do efeito ativo de um remédio.

Figura 6.6 – Caulinita

Aleksandr Pobedimskiy/Shutterstock

Entre as inúmeras aplicações dos minerais, destaca-se sua utilização com metais para a produção de ligas metálicas, combustíveis fósseis e nucleares, pedras preciosas, medicamentos, alimentos, abrasivos, asbestos, pedras ornamentais e pedras brutas (Figuras 6.7 a 6.12). Vale ressaltar que um material abrasivo é aquele que desgasta com a raspagem e um material asbéstico é aquele que se mantém inalterável ao fogo.

Figura 6.7 – Diamante, ouro e prata, utilizados na fabricação de joias

Figura 6.8 – Sais de urânio, matéria-prima para o urânio enriquecido utilizado nas usinas nucleares

Figura 6.9 – Potássio e fósforo, comumente utilizados como fertilizantes

Figura 6.10 – Ferro, níquel e manganês, utilizados na preparação de ligas metálicas como o aço

Figura 6.11 – Níquel e cobre, utilizados na produção de moedas

Figura 6.12 – Pedras brutas de granito, utilizadas na construção civil há séculos

Os Quadros 6.3 e 6.4 apresentam, respectivamente, os principais minérios lavrados atualmente, os materiais metálicos e não metálicos decorrentes de seu processamento e algumas de suas aplicações mais importantes.

Quadro 6.3 – Principais minérios metálicos e suas aplicações

Categoria	Minério	Material obtido	Principais aplicações
Tipo metálico	Hematita	Aço	Chapas metálicas utilizadas em automóveis e na construção civil.
	Bauxita	Alumínio	Esquadrias metálicas para latas, embalagens e construção civil.
	Calcopirita	Cobre	Produção de fios condutores de eletricidade, moedas e esculturas.
	Pirolusita	Manganês	Ligas metálicas, pilhas e baterias.
	Cassiterita	Estanho	Ligas metálicas para latas e embalagens, soldas e vidro.
	Pentlandita	Níquel	Produção de aço inoxidável, pilhas, baterias e ligas metálicas em geral.
	Esfalerita	Zinco	Produção de aço galvanizado, pigmentos para tintas e indústria cerâmica.

(continua)

(Quadro 6.3 – conclusão)

Categoria	Minério	Material obtido	Principais aplicações
Tipo metálico	Ilmenita	Titânio	Como óxido, é utilizado na fabricação de papel, tintas e cosméticos. Como metal isolado, participa da formação de algumas ligas metálicas de maior resistência mecânica.
	Pirocloro	Nióbio	Produção de aços especiais e de algumas ligas metálicas supercondutoras.
	Outros	Ouro	Joalheria, lastro monetário e implantes médicos e odontológicos.

Quadro 6.4 – Principais minérios não metálicos e suas aplicações

Categoria	Minério	Material obtido	Principais aplicações
Tipo não metálico	Antracito	Carvão	Combustível e redutor para metalurgia.
	Calcita	Carbonato de cálcio	Fabricação de cal para a construção civil, papel, corretivo de acidez do solo, tintas e plásticos.

(continua)

(Quadro 6.4 – conclusão)

Categoria	Minério	Material obtido	Principais aplicações
Tipo não metálico	Quartzo	Dióxido de silício	Vidros, cerâmicas, fibras ópticas e material fundente.
	Apatita	Fosfato de cálcio	Fertilizante, ração animal e produção de ácido fosfórico utilizado como conservante.
	Granitos e basaltos	Brita	Agregado para construção civil utilizado principalmente em asfalto e estradas.
	Caulinita	Caulim	Fabricação de papel, borracha, tintas e porcelanas.
	Halita	Cloreto de sódio	Sal de cozinha, indústria de papel e celulose e produção de sabão e alvejantes.
	Silvinita	Cloreto de potássio	Fertilizantes, produção de detergentes e medicamentos.
	Montmorillonita	Argila	Indústria cerâmica, tijolos e tintas.

A mineração dos minerais metálicos é bem mais relevante economicamente que a dos minerais não metálicos. Estes últimos, ainda que sejam muito importantes para suprir diversas necessidades da população e para o comércio exterior, são pouco estimados pelas ações governamentais e ignorados pelo público. Geralmente não inclusa no planejamento territorial, a mineração de não metálicos no Brasil causa diversos impactos ambientais.

6.3 Importância econômica dos minerais

De acordo com dados do Instituto Brasileiro de Geografia e Estatística (IBGE, 2012), a exploração mineral representa cerca de 4,5% a 5% do Produto Interno Bruto (PIB) brasileiro. O minério de ferro é um dos produtos que ajudam a alavancar esse desempenho. Ele representa 8,82% do total das exportações brasileiras, atrás apenas da soja. Outros minerais também projetam o país no exterior. O Brasil tornou-se a principal fonte de nióbio, um mineral importante para setores de alta tecnologia, como a área aeroespacial, com mais de 90% da disponibilidade do planeta. Também é o terceiro exportador global de grafita e tem potencial para assumir a dianteira no *ranking* desse produto nos próximos anos.

Figura 6.13 – Participação das principais substâncias metálicas no valor da produção mineral comercializada – 2017

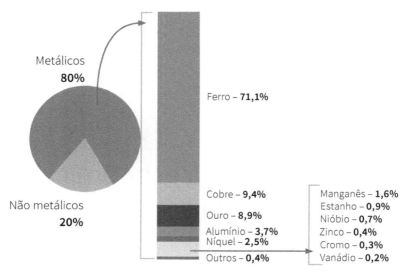

Fonte: ANM, 2019, p. 1.

Em 2017, as substâncias da classe dos metálicos responderam por cerca de 80% do valor total da produção mineral comercializada brasileira. Entre essas substâncias, onze se destacam por corresponderem a 99,6% do valor da produção comercializada da classe: alumínio, cobre, cromo, estanho, ferro, manganês, nióbio, níquel, ouro, vanádio e zinco (Figura 6.13).

O valor da produção comercializada dessas onze substâncias totalizou R$ 88,5 bilhões, com destaque para a expressiva participação do ferro nesse montante, cuja produção é concentrada, principalmente, nos estados de Minas Gerais e Pará. O ferro é o principal metal exportado e importado pelo Brasil. Grande parte da comercialização de ferro pelo Brasil é feita com a China.

Levando-se em conta a economia como um todo e não apenas os minerais –, a China é o maior parceiro comercial do Brasil. Em 2017, o volume de exportações brasileiras à China alcançou a importante cifra de US$ 50 bilhões, enquanto as importações do país asiático foram de US$ 28 bilhões, o que resultou em um superávit comercial do Brasil de cerca de US$ 32 bilhões. Acompanhe, no Gráfico 6.1, o balanço de importações e exportações de recursos minerais no Brasil em 2017.

Gráfico 6.1 – Exportação e importação dos recursos minerais – 2017

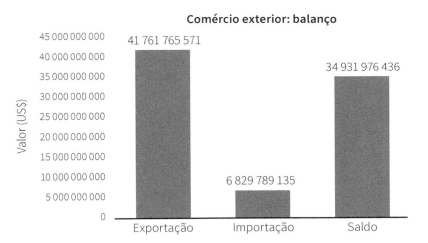

Fonte: ANM, 2019, p. 17.

O produto mais exportado aos chineses é a soja triturada, seguido de minério de ferro, petróleo bruto e celulose. A soja representa 48% das exportações brasileiras ao país asiático. Por outro lado, importamos produtos manufaturados, como peças de telefonia, partes de aparelhos receptores e transmissores. Depois dos chineses, os estadunidenses são nossos principais compradores, sendo que, em 2017, nosso volume de exportações foi de US$ 26 bilhões. Além disso, o peso da China na pauta de exportações do Brasil supera o de blocos econômicos inteiros, como a União Europeia e o Mercosul. Os Mapas 6.1 e 6.2 representam, respectivamente, os principais destinos das exportações e das importações brasileiras em 2017.

Mapa 6.1 – Principais países de destino das exportações brasileiras – 2017

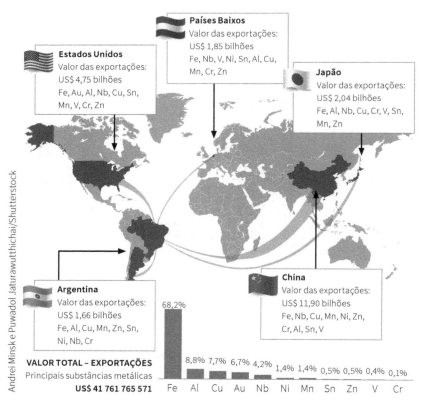

Fonte: ANM, 2019, p. 21.

Mapa 6.2 – Principais países de origem das importações brasileiras – 2017

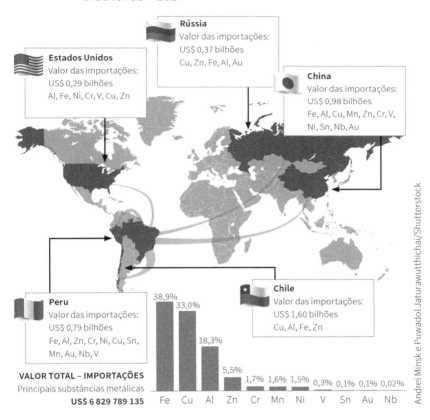

Fonte: ANM, 2019, p. 26.

Ainda que a soja não seja de fato um recurso mineral, cabe ressaltar que o solo para uma boa plantação e produção de fertilizantes e agrotóxicos depende diretamente dos recursos minerais; assim, de certa forma, os minerais também se relacionam com essa atividade econômica.

Sedimentação dos conteúdos

Neste capítulo, tratamos dos processos de beneficiamento dos minérios, especialmente ferro e alumínio. Apresentamos as etapas de processos físico-químicos importantes industrialmente e que devem ser de conhecimento de profissionais da área de mineralogia, entre elas algumas eletrólises para a transformação de substâncias compostas em substâncias simples.

Em seguida, destacamos os principais minerais metálicos e não metálicos e analisamos a influência dos minerais na economia, considerando as principais importações e exportações do Brasil relacionadas aos recursos minerais.

Cristalizando os conhecimentos

1. A maior parte da energia produzida no Brasil é elétrica, gerada por força hidráulica em usinas hidrelétricas como a Itaipu Binacional, localizada na divisa internacional do estado do Paraná. Indique se as afirmações a seguir são verdadeiras (V) ou falsas (F) no que se refere à questão energética e à participação do estado do Paraná em sua produção:

   ( ) O maior potencial hidráulico do país está concentrado na bacia do Rio Paraná.

   ( ) Em razão da rigidez das normas ambientais estabelecidas até meados da década de 1980, a política governamental brasileira priorizava a construção de usinas hidrelétricas com pequenas represas.

( ) A Itaipu Binacional é uma das maiores hidrelétricas do mundo em termos de geração de energia e de capacidade instalada.

( ) O Salto de Sete Quedas foi preservado apesar do represamento do Rio Paranapanema no ato de construção da Itaipu Binacional.

( ) Em termos de capacidade produtiva, a Usina Hidrelétrica de Belo Monte foi projetada para ser a segunda maior do Brasil.

Agora, assinale a alternativa que corresponde à sequência obtida:

a) V, F, V, V, F.

b) F, V, F, V, F.

c) F, F, V, V, V.

d) V, F, F, V, V.

e) F, F, V, F, V.

2. Indique se as afirmações a seguir são verdadeiras (V) ou falsas (F) no que se refere à exploração do subsolo no Brasil:

( ) Além de poluir a bacia do Rio Doce, o rompimento da Barragem de Fundão, da mineradora Samarco, em 2015, matou mais de uma dezena de pessoas.

( ) Os minerais metálicos ocupam lugar de destaque na economia brasileira, com o ferro dominando a produção mineral comercializada.

( ) O Brasil está entre os líderes mundiais na produção de carvão mineral, minério explorado com intensidade em todo o território nacional, destacando-se os estados de Minas Gerais e Pará.

( ) O estado de Minas Gerais aprovou regras mais rígidas para a mineração depois dos problemas ocorridos em 2018, em Brumadinho, como a proibição da construção de barragens a montante.

( ) O Brasil tem prospecção petrolífera tanto em campos marítimos como em terra.

Agora, assinale a alternativa que corresponde à sequência obtida:

a) V, F, V, V, F.
b) F, V, F, V, F.
c) V, V, F, F, V.
d) V, F, F, V, V.
e) F, F, F, V, V.

3. No que se refere à produção de energia no Brasil, indique se as afirmações a seguir são verdadeiras (V) ou falsas (F):

( ) O Brasil tem uma média de produção de energias renováveis mais alta do que a média mundial.

( ) O Brasil possui um território privilegiado para a produção de matriz de energia diversificada. Esse é um dos motivos de o país ainda não ter passado por crises energéticas no século XXI.

( ) A Região Sul do Brasil dispõe de importantes jazidas de carvão mineral que auxiliam a indústria local.

( ) Como consequência da crise mundial do petróleo ocorrida na década de 1970, o Brasil ampliou a extração de petróleo de seu território e criou o Programa Nacional do Álcool (Proálcool) como forma de reduzir sua dependência externa.

Agora, assinale a alternativa que corresponde à sequência obtida:

a) V, F, V, V.
b) V, V, F, V.
c) F, F, V, V.
d) V, F, F, V.
e) F, F, F, V.

4. (Unioeste – 2019) O atual modelo urbano-industrial predominante no Brasil demanda um consumo de energia viabilizado por uma produção organizada a partir de frentes como a eletricidade, o petróleo e a biomassa.

Considerando o enunciado acima, analise as seguintes alternativas:

I. Em nosso país, a produção de eletricidade desenvolveu-se essencialmente pela implantação de uma rede de hidrelétricas, que foi favorecida pelo potencial natural de vários rios brasileiros. Esses contam com grande volume de água advindo de elevada pluviosidade, típica de climas equatoriais e tropicais, que ocorrem na maior parte do território, associado à predominância de relevos planálticos.

II. Durante o período marcado pelo modelo agroexportador e por uma população essencialmente agrária, o consumo energético nacional era baseado na queima do carvão mineral, graças às abundantes reservas desse tipo de combustível fóssil, distribuídas por todo o território brasileiro.

III. Atualmente, a Bacia Amazônica é considerada a principal fronteira energética do país, haja vista a construção de grandes e polêmicas hidrelétricas nos rios dessa região, como é o caso das usinas hidrelétricas de Belo Monte, Jirau e Santo Antônio.

IV. Os combustíveis derivados do petróleo representam um papel estratégico, na medida em que o transporte rodoviário é o principal meio de circulação de mercadorias e pessoas pelo país, além de viabilizar o funcionamento de muitas termelétricas distribuídas pelo território brasileiro.

V. O tipo mais difundido de combustível originário da produção de biomassa é o álcool etílico (etanol), proveniente de materiais orgânicos como o excremento de animais, restos de alimentos e bagaço da cana, dentre outros.

Sobre as afirmações anteriores, assinale a alternativa que apresente os itens corretos.

a) Estão corretas as alternativas I, II e IV.
b) Estão corretas as alternativas II, IV e V.
c) Estão corretas as alternativas III e V.
d) Estão corretas as alternativas I, II, IV e V.
e) Estão corretas as alternativas I, III e IV.

5. (ESPM – 2019) É sabido que o Brasil não prima por grande quantidade nem qualidade de jazidas carboníferas. A pouca ocorrência que o país possui está concentrada na região identificada com o número

a) 1.
b) 2.
c) 3.
d) 4.
e) 5.

Consolidando a análise

Questões para reflexão

1. (Unicamp – 2017) A Amazônia vem, neste início de século, despontando como um novo *front* energético do território brasileiro. Envolvendo questões bastante controvertidas, encontramos as grandes hidrelétricas de Santo Antônio e Jirau, no Rio Madeira (Rondônia), e Belo Monte, no Rio Xingu

(Pará). Além dessas obras, há ainda projetos de construção de novas grandes hidrelétricas, como a Usina de São Luiz do Tapajós, no Rio Tapajós (Pará). A construção de novas hidrelétricas deve responder pelo aumento do consumo de energia elétrica que acompanha os processos de urbanização e industrialização no país.

a) Que região brasileira apresenta o maior potencial hidrelétrico instalado atualmente e por que a Amazônia tornou-se um novo *front* para a construção de grandes hidrelétricas?

b) Indique qual dos setores, comercial, industrial e residencial, apresenta o maior e o menor consumo de energia elétrica no Brasil e cite um exemplo de indústria energointensiva existente na Amazônia.

2. (Fuvest – 2017) As imagens mostram a situação do local da Barragem de Fundão, em Mariana/MG, antes e depois do acidente de 5 de novembro de 2015. Essa ocorrência consistiu no rompimento da barragem, que resultou em mortes e na liberação de milhões de toneladas de lama, que acabaram por atingir o distrito de Bento Rodrigues, no vale do Rio Doce.

(Google Earth. 2016. Adaptado.)

a) Do ponto de vista econômico, qual é a importância da região de Mariana/MG onde se encontrava a referida barragem? Explique, apontando dois exemplos.
b) Indique uma consequência do acidente em relação ao meio ambiente e outra quanto ao impacto social no vale do Rio Doce.

Atividade aplicada: prática

1. Faça uma pesquisa sobre impactos ambientais ocorridos no Brasil em virtude do rompimento de barragens, identificando causas, consequências e medidas preventivas que podem ser tomadas.

Considerações finais

Ao longo deste material, discutimos conceitos fundamentais da mineralogia e a relação de minerais e rochas com a sociedade e a economia.

Podemos considerar que o mundo ao nosso redor é uma composição estatística quase improvável. Qualquer mudança mínima nas condições de temperatura e pressão, por exemplo, propiciaria um arranjo do Universo totalmente diferente do que temos. O mundo mineral não é um mundo vivo, mas o mundo que permite a vida. Assim, o calor que vem do interior da Terra é tão importante para a vida como as replicações cromossômicas que ocorrem a todo o momento.

Além da importância que os minerais têm na natureza e para o meio ambiente, eles constituem um pilar muito sólido da economia mundial e do Brasil. A exploração desses recursos, desde o petróleo para combustíveis até os metais para os diferentes beneficiamentos e aplicações, sustenta de forma relevante muitas economias. A água, por sua vez, é responsável pela condição específica e essencial de vida de que dispomos e é um mineral que também participa das matrizes energéticas.

Esperamos que esta obra tenha servido como suporte de pesquisa inicial e contribuído para aprofundar seus conhecimentos na área de mineralogia e que as atividades propostas tenham possibilitado sua evolução pedagógica e acadêmica.

Referências

ANM – Agência Nacional de Mineração. **Anuário mineral brasileiro**: principais substâncias metálicas. Brasília, 2019. Disponível em: <https://www.gov.br/anm/pt-br/centrais-de-conteudo/publicacoes/serie-estatisticas-e-economia-mineral/anuario-mineral/anuario-mineral-brasileiro/amb_2018_ano_base_2017>. Acesso em: 18 fev. 2021.

BARBOSA, A. S.; SPERANDIO, D. G. **Propriedades físicas dos minerais**. Disponível em: <https://sites.unipampa.edu.br/mvgp/propriedades-fisicas-dos-minerais/>. Acesso em: 18 fev. 2021.

BRASIL. Constituição (1988). **Diário Oficial da União**, Brasília, DF, 5 out. 1988. Disponível em: <http://www.planalto.gov.br/ccivil_03/Constituicao/Constituicao.htm>. Acesso em: 18 fev. 2021.

BRASIL. Ministério do Meio Ambiente. Conselho Nacional do Meio Ambiente. Resolução Conama n. 1, de 23 de janeiro de 1986. **Diário Oficial da União**, Poder Executivo, Brasília, DF, 17 fev. 1986. Disponível em: <http://www2.mma.gov.br/port/conama/res/res86/res0186.html>. Acesso em: 18 fev. 2021.

BRITO, A. W. de L. **Curso técnico em cerâmica vermelha**. fev. 2012. Apostila. Disponível em: <https://www.seduc.ce.gov.br/wp-content/uploads/sites/37/2011/10/ceramica_geologia_minerologia.pdf>. Acesso em: 18 fev. 2021.

CLASSIFICAÇÃO de rochas ígneas. Disponível em: <https://docplayer.com.br/3984500-3-classificacao-de-rochas-igneas.html>. Acesso em: 18 fev. 2021.

CLASSIFICAÇÃO dos minerais: extrativismo mineral. **Só Geografia**. Disponível em: <https://www.sogeografia.com.br/Conteudos/GeografiaEconomica/extrativismo/mineral2.php>. Acesso em: 18 fev. 2021.

CORRÊA, A. **Resumão de rochas ígneas?** Sim, nós temos! 4 set. 2017. Disponível em: <http://igeologico.com.br/rochas-igneas/>. Acesso em: 18 fev. 2021.

CRISTALOGRAFIA. Disponível em: <http://www.uel.br/projetos/geocienciasnaweb/notacao.pdf>. Acesso em: 18 fev. 2021.

EDUCABRAS. **Extrativismo mineral no Brasil.** Disponível em: <https://www.educabras.com/ensino_medio/materia/geografia/fontes_de_energia/aulas/extrativismo_mineral_no_brasil>. Acesso em: 22 abr. 2021.

EPE – Empresa de Pesquisa Energética. **Matriz energética e elétrica.** Disponível em: <https://www.epe.gov.br/pt/abcdenergia/matriz-energetica-e-eletrica>. Acesso em: 18 fev. 2021.

FORMAÇÃO das rochas sedimentares. **Biologia e Geologia 11**, 24 mar. 2010. Disponível em: <http://biologia11ecinco.blogspot.com/2010/03/formacao-das-rochas-sedimentares.html>. Acesso em: 18 fev. 2021.

GAMBARDELLA, M. T. do P. **Eixos cristalográficos e sistemas cristalinos.** Disponível em: <http://cristal.iqsc.usp.br/files/Cap-4-Eixos-e-Sistemas.pdf>. Acesso em: 18 fev. 2021.

IBGE – Instituto Brasileiro de Geografia e Estatística. **Produto Interno Bruto dos municípios 2010.** Rio de Janeiro, 2012. (Contas Nacionais, n. 39). Disponível em: <https://biblioteca.ibge.gov.br/visualizacao/livros/liv62930.pdf>. Acesso em: 9 abr. 2021.

IBRAM – Instituto Brasileiro de Mineração. **Economia mineral do Brasil.** mar. 2018. Disponível em: <https://portaldamineracao.com.br/wp-content/uploads/2018/02/economia-mineral-brasil-mar2018-1.pdf?x73853>. Acesso em: 18 fev. 2021.

KUCHENBECKER, M. **Minerais energéticos.** Disponível em: <http://recursomineralmg.codemge.com.br/substancias-minerais/minerais-energeticos/>. Acesso em: 18 fev. 2021.

LEFF, E. **Saber ambiental**: sustentabilidade, racionalidade, complexidade, poder. Petrópolis: Vozes, 2001.

MINEROPAR – Minerais do Paraná S.A. **Planejamento na mineração**. Cap. 4. Disponível em: <http://docplayer.com.br/6161293-Convenio-dnpm-mineropar-planejamento-na-mineracao.html>. Acesso em: 18 fev. 2021.

POLON, L. C. K. Rochas magmáticas. **Todo Estudo**. Disponível em: <https://www.todoestudo.com.br/geografia/rochas-magmaticas>. Acesso em: 18 fev. 2021.

PR GRUPO PARANÁ. **Qual é a diferença entre mármore e granito?** Disponível em: <http://prgrupoparana.com/pt/qual-e-a-diferenca-entre-marmore-e-granito/>. Acesso em: 18 fev. 2021.

REIS, P. Energia geotérmica e o calor da Terra. **Portal Energia: Energias Renováveis**, 4 nov. 2019. Disponível em: <https://www.portal-energia.com/energia-geotermica-calor-da-terra/>. Acesso em: 18 fev. 2021.

RICCOMINI, C.; GIANNINI, P. C.; MANCINI, F. Rios e processos aluviais. In: TEIXEIRA, W. et al. **Decifrando a Terra**. São Paulo: Oficina de Textos, 2001. p. 191-214.

VISION. **Beneficiamento de minério de ferro**. Disponível em: <http://www.grupovision.com.br/areas-de-atuacao/mineracao/extracao-do-minerio-de-ferro/beneficiamento-de-minerio-de-ferro/>. Acesso em: 18 fev. 2021.

Bibliografia comentada

A mineralogia é uma área tão vasta e específica que, em muitos países, é objeto de um curso superior completo, e não apenas de uma ramificação da química, da geologia ou da engenharia de materiais. As obras indicadas a seguir podem contribuir para aprofundar seu conhecimento nesse campo. Trata-se de livros que servem como uma abordagem inicial de conceitos essenciais à sua formação e à sua trajetória profissional. Aprofundamentos em assuntos relacionados à geologia e à mineralogia ocorrerão ao longo da continuidade de seu percurso profissional, de acordo com os caminhos que você escolher.

BRANCO, P. de M. **Dicionário de mineralogia e gemologia**. São Paulo: Oficina de Textos, 2014.

DANA, E. S.; HURLBUT, C. S. **Manual de mineralogia**. 19. ed. Rio de Janeiro: Ao Livro Técnico, 1978.

MENEZES, S. O. **Rochas**: manual fácil de estudo e classificação. São Paulo: Oficina de Textos, 2013.

SGARBI, G. N. C.; CARDOSO, R. N. **Prática de geologia introdutória**. Belo Horizonte: Ed. da UFMG, 1987.

TEIXEIRA, W. et al. **Decifrando a Terra**. São Paulo: Oficina de Textos, 2000.

O *Dicionário de mineralogia e gemologia* trata de questões relativas a determinadas nomenclaturas, enquanto o *Manual de mineralogia* enfoca pontualmente as substâncias que constituem os minerais, além de temas mais específicos de cristalografia. Já as obras *Rochas: manual fácil de estudo e classificação* e *Decifrando a Terra* abordam as rochas de maneira geral.

Respostas

Capítulo 1

Cristalizando os conhecimentos

1. a

2. c

3. e

4. a

5. d

Consolidando a análise

Questões para reflexão

1.
   a) O processo descrito em 1 é o intemperismo e o descrito em 2, a erosão.
   b) No processo 5 ocorre o soterramento dos sedimentos, enquanto no processo 6 a diagênese e a litificação respondem pela desidratação, compactação, cimentação, dissolução e reações minerais dos sedimentos, formando as rochas sedimentares. Podemos citar como exemplos arenito, calcário e carbonato de cálcio.

2.
   a) Crosta terrestre ou litosfera, constituída de rochas no estado sólido.

b) Rochas vulcânicas ou magmáticas (ígneas) extrusivas, a exemplo do basalto, cuja solidificação ocorre na superfície após erupção vulcânica.

c) As rochas sedimentares são formadas pela deposição de partículas minerais (areia, silte, argila e cascalho) e matéria orgânica. A compactação de diversas camadas pelo aumento da pressão dá origem à rocha sedimentar. Exemplos: arenito, calcário, folhelho e argilito.

d) O intemperismo e a pedogênese das rochas vulcânicas dão origem a solos muito férteis em minerais primários. É o caso da terra roxa ou nitossolo. Assim, muitas regiões vulcânicas são ocupadas pela agricultura.

Capítulo 2

Cristalizando os conhecimentos

1. b

2. e

3. b

4. b

5. c

Consolidando a análise

Questões para reflexão

1.

a) Os minerais podem ser classificados de acordo com os ânions dominantes (classificação de Dana e Hurlburt): silicatos, sulfatos, carbonatos, óxidos, hidróxidos, elementos nativos, nitratos e fosfatos.

b) A escala de Mohs apresenta valores de classificação de dureza que variam de 1 a 10, sendo que cada um dos minerais que compõem a escala é capaz de riscar os minerais anteriores a ele (de dureza menor) e, igualmente, cada um deles pode ser riscado pelos posteriores (de dureza maior). Ao analisar a escala em valores absolutos, observa-se que ela não apresenta característica linear, pois há, por exemplo, uma diferença acentuada entre os minerais de dureza 9 e 10 (a diferença é quase exponencial).

c) A densidade de um material é a razão entre sua massa e o volume ocupado por ela. A massa de um mineral pode variar de acordo com sua composição química, pois cada elemento/ânion/cátion apresenta massas particulares e diferentes entre si. Já o volume ocupado varia conforme a estrutura cristalina presente no mineral, uma vez que cada uma apresenta um arranjo espacial diferente (ângulos de ligação diferentes, conformação diferente etc.). Por exemplo, o volume ocupado por um arranjo tetraédrico é diferente do volume ocupado por um arranjo bipiramidal planar (octaédrico).

2. A calcita e a siderita são rochas carbonáticas; portanto, a diferença entre elas está nos cátions presentes em cada mineral. Além disso, ambas apresentam uma estrutura romboédrica e o mesmo arranjo espacial; então, o volume ocupado por elas é praticamente o mesmo. No entanto, o ferro tem uma massa maior do que a do cálcio; logo, a massa da siderita é maior do que a da calcita. Desse modo, a densidade da siderita é maior do que a da calcita, pois uma massa maior ocupa praticamente o mesmo volume.

Capítulo 3

Cristalizando os conhecimentos

1. e

2. b

3. d

4. b

5. a

Consolidando a análise

Questões para reflexão

1. Cristal é um sólido no qual os constituintes (átomos, moléculas ou íons) estão organizados de acordo com um padrão tridimensional bem definido, que se repete no espaço formando uma estrutura com uma geometria específica. Os cristais podem ser macroscópicos ou microscópicos e podem ser geometricamente perfeitos ou não apresentar uma forma regular. Já os minerais são substâncias naturais, com estrutura cristalina e com uma composição química bem definida. Os minerais podem ocorrer na natureza em cristais isolados ou agregados.

2. As interações do tipo Van der Waals explicam o tipo de relação existente entre moléculas, sejam elas pertencentes à mesma substância, sejam elas pertencentes a substâncias diferentes. Por exemplo, duas moléculas de água interagem mais

fortemente do que duas moléculas de ácido clorídrico. Como consequência, a água tem propriedades físicas mais intensas (ponto de fusão, ebulição e densidade) que o ácido clorídrico. Na formação de um cristal, as interações de Van der Waals são extremamente relevantes, pois possibilitam o contato entre diferentes células e a formação de uma rede cristalina.

Capítulo 4

Cristalizando os conhecimentos

1. c
2. d
3. d
4. e
5. c

Consolidando a análise

Questões para reflexão

1.
   a) Falso – A produção de etanol vem contribuindo para aumentar as áreas de latifúndio de cana-de-açúcar no Brasil e elevar a concentração fundiária.
   b) Verdadeiro – Uma das propostas do Protocolo de Quioto era diminuir a emissão de poluentes na atmosfera. Essa redução é uma das características do uso de biocombustíveis.

c) Falso – A agroindústria açucareira, no período colonial, não fornecia matéria-prima de caráter energético, além de destinar sua produção para a exportação. Além disso, não ocorreu uma interiorização da população brasileira, uma vez que essas áreas eram predominantes no litoral da Região Nordeste do país.

2.
a) O processo de separação de misturas pelo qual são obtidas as frações do petróleo é a destilação fracionada. A propriedade específica das substâncias na qual se baseia esse processo é a temperatura de ebulição.
b) Posições: quanto menor for o número de carbonos, mais volátil será o hidrocarboneto.

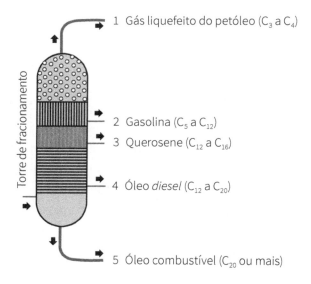

Capítulo 5

Cristalizando os conhecimentos

1. b
2. a
3. c
4. d
5. b

Consolidando a análise

Questões para reflexão

1. A mineração é uma atividade econômica de grande importância para a sociedade, mas que também gera inúmeros problemas ambientais, que vão desde a poluição de rios, aterramentos e afastamento de comunidades de seus locais de origem até situações relacionadas a questões sonoras e à modificação da vegetação.

2. A classificação dos métodos provém da opção escolhida para se processar a lavra, ou seja, a céu aberto ou subterrânea. Para essa definição, leva-se em conta a situação dos operadores, e não a da jazida. A lavra é considerada a céu aberto se não há necessidade de acesso humano ao meio subterrâneo para realizá-la. A ocorrência de certas operações subterrâneas, como o transporte por poços de extração, não descaracteriza uma lavra a céu aberto, da mesma forma que uma lavra subterrânea sempre envolve vários serviços auxiliares executados a céu aberto. Os principais

métodos de lavra a céu aberto (com as correspondentes denominações em língua inglesa, internacionalmente consagradas) são aqueles de explotação a seco, ou seja: lavra por bancadas (*open pit mining*), lavra em tiras ou fatias (*strip mining* ou *open cast mining*) e lavra de pedreiras (*quarry mining* ou *dimensioned stones mining*). Na lavra subterrânea, a extração de material ocorre no interior do terreno, sendo indicada para rochas e minerais em depósitos mais profundos. Nessa situação, a relação estéril-minério é grande, de forma que é economicamente inviável explotar a céu aberto.

Capítulo 6

Cristalizando os conhecimentos

1. e

2. c

3. b

4. e

5. e

Consolidando a análise

Questões para reflexão

1.

   a) A região brasileira que apresenta maior potencial hidrelétrico instalado atualmente é a Sudeste. A Amazônia tornou-se um novo *front* para a construção de grandes hidrelétricas porque apresenta o maior potencial hidroenergético do país, por ser um espaço subexplorado e por ter, atualmente, uma maior integração com o centro-sul do país.

b) O maior e o menor consumo de energia elétrica no Brasil estão associados, respectivamente, aos setores industrial e comercial. Um exemplo de indústria energointensiva (grande demanda energética para seu funcionamento) na Amazônia é a produção de alumínio no Vale do Rio Trombetas.

2.

a) A importância econômica da região de Mariana, município que compõe o chamado *Quadrilátero Ferrífero*, deve-se à intensa atividade de extração mineral, em especial os minérios de ferro e de manganês, que abastecem os mercados interno e externo. Por ser uma região histórica, sua importância está associada também ao turismo.

b) Com relação ao meio ambiente, entre as consequências do acidente, podemos citar o soterramento de centenas de nascentes, a contaminação do solo e da água por resíduos, a morte de peixes e a destruição da vegetação. Com relação ao impacto social, entre as consequências do acidente, podemos destacar o elevado número de mortos e desabrigados, a destruição dos distritos e o deslocamento da população.

Sobre o autor

Antônio Augusto dos Santos Marangon é bacharel e licenciado em Química (2005) pela Universidade Federal do Paraná (UFPR), tendo cumprido um ano de seu curso superior em Química como aluno intercambista na Universidade de Buenos Aires (UBA), na Argentina. É mestre em Engenharia de Materiais (2008) pela UFPR e Especialista MBA em Gestão Escolar (2017) pela Universidade de São Paulo (USP). Desde 2007, atua como professor de ensino médio e de nível superior na Associação Franciscana de Ensino Senhor Bom Jesus. É colaborador acadêmico de instituições de ensino superior, como o Centro Universitário Internacional (Uninter) e a Pontifícia Universidade Católica do Paraná (PUC-PR). Atuou também como professor da rede pública de ensino no estado do Paraná, entre 2006 e 2008; como consultor técnico da CFG Química e Tecnologia, entre 2007 e 2011; como pesquisador do Laboratório de Química do Estado Sólido da UFPR, entre 2003 e 2008; e como estagiário do Laboratório de Eletroquímica da UBA, em 2005.

Os papéis utilizados neste livro, certificados por instituições ambientais competentes, são recicláveis, provenientes de fontes renováveis e, portanto, um meio **respons**ável e natural de informação e conhecimento.

Impressão: Reproset
Julho/2023